JN069451

はじめに

　新型コロナウイルス感染症の影響により、これまでの働き方が見直されており、スマートフォンやクラウドサービス等を活用したテレワークやオンライン会議など、距離や時間に縛られない多様な働き方が定着しつつあります。

　今後、第5世代移動通信システム（5G）の活用が本格的に始まると、デジタルトランスフォーメーション（DX）の動きはさらに加速していくと考えられます。

　こうした中、企業では、生産性向上に向け、ITを利活用した業務効率化が不可欠となっており、クラウドサービスを使った会計事務の省力化、ECサイトを利用した販路拡大、キャッシュレス決済の導入など、ビジネス変革のためのデジタル活用が進んでいます。一方で、デジタル活用ができる人材は不足しており、その育成や確保が課題となっています。

　日本商工会議所ではこうしたニーズを受け、仕事に直結した知識とスキルの習得を目的として、IT利活用能力のベースとなるMicrosoft®のOfficeソフトの操作スキルを問う「日商PC検定試験」をネット試験方式により実施しています。

　本検定試験は、文書作成ソフトを活用したビジネス文書の取り扱い・作成力を問う「文書作成」、表計算ソフトを使った業務データの取り扱い・分析力を問う「データ活用」、プレゼンテーションソフトを用いた資料作成力を問う「プレゼン資料作成」の3分野で構成されています。

　試験科目は、「実技科目」と「知識科目」の2科目です。ビジネスの現場では、ソフトウェアの操作スキルに加え、業務データや個人情報などの情報管理やセキュリティに関する正しい知識を有していることが不可欠となっています。このため、本検定試験ではこれらの内容について問う「知識科目」を設けています。

　本書は、本検定試験3級の知識科目の学習のための公式テキストであり、情報管理やセキュリティ、コンプライアンス等に関する知識の習得に役立つ内容となっております。

　本書を試験合格への道標としてご活用いただくとともに、修得した知識やスキルを活かして企業等でご活躍されることを願ってやみません。

2021年3月

日本商工会議所

日商PC

日商PC検定試験
の概要

日商PC検定試験の概要や試験範囲、試験実施イメージなどを
記載しています。

日商PC検定試験とは（受験の手引き）

1 目的

「日商PC検定試験」は、ネット社会における企業人材の育成・能力開発ニーズを踏まえ、企業実務でIT（情報通信技術）を利活用する実践的な知識、スキルの修得に資するとともに、個人、部門、企業のそれぞれのレベルでITを利活用した生産性の向上に寄与することを目的としています。本検定試験は、ビジネス文書の取り扱い・作成ができるかを問う「文書作成」と、業務データの取り扱い・データ分析ができるかを問う「データ活用」、目的に応じた適切で分かりやすいプレゼン資料を作成できるかを問う「プレゼン資料作成」の3分野で構成され、それぞれ独立した試験として実施しています。

2 受験資格

どなたでも受験できます。いずれの分野・級でも学歴・国籍・取得資格等による制限はありません。

3 試験科目・試験時間・合格基準等

■文書作成・データ活用・プレゼン資料作成

級	知識科目	実技科目	合格基準
1級	30分（論述式）	60分	知識、実技の2科目とも70点以上（100点満点）で合格
2級	15分（択一式）	40分	
3級	15分（択一式）	30分	

■文書作成・データ活用

級	知識科目	実技科目	合格基準
Basic（基礎級）	―	30分	実技科目 70点以上（100点満点）で合格

※Basic（基礎級）には、知識科目はありません。
※プレゼン資料作成分野には、Basic（基礎級）はありません。

4 試験方法

インターネットを介して試験の実施から採点、合否判定までを行う「ネット試験」で実施します。
※2級、3級およびBasic（基礎級）は試験終了後、即時に採点・合否判定を行います。1級は答案を日本商工会議所に送信し、中央採点で合否を判定します。

5 受験料（税込み）

級	受験料（税込み）
1級	10,480円
2級	7,330円
3級	5,240円
Basic（基礎級）	4,200円

※上記受験料は、2020年12月現在（消費税10%）のものです。
※プレゼン資料作成分野には、Basic（基礎級）はありません。

6 試験会場

商工会議所ネット試験施行機関（各地商工会議所、および各地商工会議所が認定した試験会場）

7 試験日時

級	試験日時
1級	日程が決まり次第、検定試験ホームページ等で公開します。
2級	各ネット試験施行機関が決定します。
3級	各ネット試験施行機関が決定します。
Basic（基礎級）	各ネット試験施行機関が決定します。

※プレゼン資料作成分野には、Basic（基礎級）はありません。

8 受験申込方法

検定試験ホームページで最寄りのネット試験施行機関を確認のうえ、直接お問い合わせください。

9 その他

試験についての最新情報および詳細は、検定試験ホームページでご確認ください。

検定試験ホームページ　　https://www.kentei.ne.jp/

日商PC検定試験の内容と範囲

1　1級

企業実務に必要とされる実践的なIT・ネットワークの知識、スキルを有し、ネット社会のビジネススタイルを踏まえ、企業責任者（企業責任者を補佐する者）として、経営判断や意思決定を行う（助言する）過程で利活用することができる。

■知識科目

分野	内容と範囲	
文書作成	○2、3級の試験範囲を修得したうえで、第三者に正確かつ分かりやすく説明することができる。 ○文書の全ライフサイクル（作成、伝達、保管、保存、廃棄）を考慮し、社内における文書管理方法を提案できる。 ○文書の効率的な作成、標準化、データベース化に関する知識を身につけている。 ○ライティング技術に関する実践的かつ応用的な知識（文書の目的・用途に応じた最適な文章表現、文書構造）を身につけている。 ○表現技術（レイアウト、デザイン、表・グラフ、フローチャート、図解、写真の利用、カラー化等）について実践的かつ応用的な知識を身につけている。 等	○企業実務で必要とされるハードウェア、ソフトウェア、ネットワークに関し、第三者に正確かつ分かりやすく説明できる。 ○ネット社会に対応したデジタル仕事術を理解し、自社の業務に導入・活用できる。 ○インターネットを活用した新たな業務の進め方、情報収集・発信の仕組みを提示できる。 ○複数のプログラム間での電子データの相互運用が実現できる。 ○情報セキュリティやコンプライアンスに関し、社内で指導的立場となれる。 等
データ活用	○2、3級の試験範囲を修得したうえで、第三者に正確かつ分かりやすく説明することができる。 ○業務データの全ライフサイクル（作成、伝達、保管、保存、廃棄）を考慮し、社内における業務データ管理方法を提案できる。 ○基本的な企業会計に関する知識を身につけている（決算、配当、連結決算、国際会計、キャッシュフロー、ディスクロージャー、時価主義）。 等	共通
プレゼン資料作成	○2、3級の試験範囲を修得したうえで、プレゼンの工程（企画、構成、資料作成、準備、実施）に関する知識を第三者に正確かつ分かりやすく説明できる。 ○2、3級の試験範囲を修得したうえで、プレゼン資料の表現技術（レイアウト、デザイン、表・グラフ、図解、写真の利用、カラー表現等）に関する知識を第三者に正確かつ分かりやすく説明できる。 ○プレゼン資料の作成、標準化、データベース化、管理等に関する実践的かつ応用的な知識を身につけている。 等	

■実技科目

分野	内容と範囲
文書作成	○企業実務で必要とされる文書作成ソフト、表計算ソフト、プレゼンソフトの機能、操作法を修得している。 ○当該業務の遂行にあたり、ライティング技術を駆使し、最も適切な文書、資料等を作成することができる。 ○与えられた情報を整理、分析し、状況に応じ企業を代表して(対外的な)ビジネス文書を作成できる。 ○表現技術を駆使し、説得力のある業務報告、レポート、プレゼン資料等を作成できる。 ○当該業務に係る情報をWebサイトから収集し活用することができる。 <div align="right">等</div>
データ活用	○企業実務で必要とされる表計算ソフト、文書作成ソフト、データベースソフト、プレゼンソフトの機能、操作法を修得している。 ○当該業務に必要な情報を取捨選択するとともに、最適な作業手順を考え業務に当たれる。 ○表計算ソフトの関数を自在に活用できるとともに、各種分析手法の特徴と活用法を理解し、目的に応じて使い分けができる。 ○業務で必要とされる計数・市場動向を示す指標・経営指標等を理解し、問題解決や今後の戦略・方針等を立案できる。 ○業務データベースを適切な方法で分析するとともに、表現技術を駆使し、説得力ある業務報告・レポート・プレゼン資料を作成できる。 ○当該業務に係る情報をWebサイトから収集し活用することができる。 <div align="right">等</div>
プレゼン資料作成	○目的を達成するために最適なプレゼンの企画・構成を行い、これに基づきストーリーを展開し説得力のあるプレゼン資料を作成できる。 ○与えられた情報を整理・分析するとともに、必要に応じて社内外のデータベースから目的に適合する必要な資料、文書、データを検索・入手し、適切なプレゼン資料を作成できる。 ○図解技術、レイアウト技術、カラー表現技術等を駆使して、高度なビジュアル表現により分かりやすいプレゼン資料を効率よく作成できる。 <div align="right">等</div>

2 2級

企業実務に必要とされる実践的なIT・ネットワークの知識、スキルを有し、部門責任者（部門責任者を補佐する者）として、業務の効率・円滑化、業績向上を図るうえで利活用することができる。

■知識科目

分野	内容と範囲		
文書作成	○ビジネス文書（社内文書、社外文書）の種類と雛形についてよく理解している。 ○文書管理（ファイリング、共有化、再利用）について理解し、業務にあわせて体系化できる知識を身につけている。 ○ビジネス文書を作成するうえで必要とされる日本語力（文法、表現法、敬語、用字・用語、慣用句）を身につけている。 ○企業実務で必要とされるライティング技術に関する知識（分かりやすく簡潔な文章表現、文書構成）を身につけている。 ○表現技術（レイアウト、デザイン、表・グラフ、フローチャート、図解、写真の利用、カラー化等）についての基本的な知識を身につけている。 等	共 通	○企業実務で必要とされるハードウェア、ソフトウェア、ネットワークに関する実践的な知識を身につけている。 ○業務における電子データの適切な取り扱い、活用について理解している。 ○ソフトウェアによる業務データの連携について理解している。 ○複数のソフトウェア間での共通操作を理解している。 ○ネットワークを活用した効果的な業務の進め方、情報収集・発信について理解している。 ○電子メールの活用、ホームページの運用に関する実践的な知識を身につけている。 等
データ活用	○電子認証の仕組み（電子署名、電子証明書、認証局、公開鍵暗号方式等）について理解している。 ○企業実務で必要とされるビジネスデータの取り扱い（売上管理、利益分析、生産管理、マーケティング、人事管理等）について理解している。 ○業種別の業務フローについて理解している。 ○業務改善に関する知識（問題発見の手法、QC等）を身につけている。 等		
プレゼン資料作成	○プレゼンの工程（企画、構成、資料作成、準備、実施）に関する実践的な知識を身につけている。 ○プレゼン資料の表現技術（レイアウト、デザイン、表・グラフ、図解、写真の利用、カラー表現等）に関する実践的な知識を身につけている。 ○プレゼン資料の管理（ファイリング、共有化、再利用）について実践的な知識を身につけている。 等		

■実技科目

分野	内容と範囲
文書作成	○企業実務で必要とされる文書作成ソフト、表計算ソフトの機能、操作法を身につけている。 ○業務の目的に応じ簡潔で分かりやすいビジネス文書を作成できる。 ○与えられた情報を整理、分析し、状況に応じた適切なビジネス文書を作成できる。 ○取引先、顧客などビジネスの相手と文書で円滑なコミュニケーションが図れる。 ○ポイントが整理され読み手が内容を把握しやすい報告書・議事録等を作成できる。 ○業務目的の遂行のため、見やすく、分かりやすい提案書、プレゼン資料を作成できる。 ○社内の文書データベースから業務の目的に適合すると思われる文書を検索し、これを利用して新たなビジネス文書を作成できる。 ○文書ファイルを目的に応じ分類、保存し、業務で使いやすいファイル体系を構築できる。 <div align="right">等</div>
データ活用	○企業実務で必要とされる表計算ソフト、文書作成ソフトの機能、操作法を身につけている。 ○表計算ソフトを用いて、当該業務に関する最適なデータベースを作成することができる。 ○表計算ソフトの関数を駆使して、業務データベースから必要とされるデータ、値を求めることができる。 ○業務データベースを適切な方法で分析するとともに、表やグラフを駆使し的確な業務報告・レポートを作成できる。 ○業務で必要とされる計数（売上・売上原価・粗利益等）を理解し、業務で求められる数値計算ができる。 ○業務データを分析し、当該ビジネスの現状や課題を把握することができる。 ○業務データベースを目的に応じ分類、保存し、業務で使いやすいファイル体系を構築できる。 <div align="right">等</div>
プレゼン資料作成	○プレゼンの工程（企画、構成、資料作成、準備、実施）を理解し、ストーリー展開を踏まえたプレゼン資料を作成できる。 ○与えられた情報を整理・分析し、目的に応じた適切なプレゼン資料を作成できる。 ○企業実務で必要とされるプレゼンソフトの機能を理解し、操作法にも習熟している。 ○図解技術、レイアウト技術、カラー表現技術等を用いて、分かりやすいプレゼン資料を作成できる。 ○作成したプレゼン資料ファイルを目的に応じ分類、保存し、業務で使いやすいファイル体系を構築できる。 <div align="right">等</div>

企業実務に必要とされる基本的なIT・ネットワークの知識、スキルを有し、自己の業務に利活用することができる。

■知識科目

日商PC検定試験の概要

分野	内容と範囲		
文書作成	○基本的なビジネス文書（社内・社外文書）の種類と雛形について理解している。 ○文書管理（ファイリング、共有化、再利用）について理解している。 ○ビジネス文書を作成するうえで基本となる日本語力（文法、表現法、用字・用語、敬語、漢字、慣用句等）を身につけている。 ○ライティング技術に関する基本的な知識（文章表現、文書構成の基本）を身につけている。 ○ビジネス文書に関連する基本的な知識（ビジネスマナー、文書の送受等）を身につけている。 等	共 通	○ハードウェア、ソフトウェア、ネットワークに関する基本的な知識を身につけている。 ○ネット社会における企業実務、ビジネススタイルについて理解している。 ○電子データ、電子コミュニケーションの特徴と留意点を理解している。 ○デジタル情報、電子化資料の整理・管理について理解している。 ○電子メール、ホームページの特徴と仕組みについて理解している。 ○情報セキュリティ、コンプライアンスに関する基本的な知識を身につけている。 等
データ活用	○取引の仕組み（見積、受注、発注、納品、請求、契約、覚書等）と業務データの流れについて理解している。 ○データベース管理（ファイリング、共有化、再利用）について理解している。 ○電子商取引の現状と形態、その特徴を理解している。 ○電子政府、電子自治体について理解している。 ○ビジネスデータの取り扱い（売上管理、利益分析、生産管理、顧客管理、マーケティング等）について理解している。 等		
プレゼン資料作成	○プレゼンの工程（企画、構成、資料作成、準備、実施）に関する基本知識を身につけている。 ○プレゼン資料の表現技術（レイアウト、デザイン、表・グラフ、図解、写真の利用、カラー表現等）について基本的な知識を身につけている。 ○プレゼン資料の管理（ファイリング、共有化、再利用）について基本的な知識を身につけている。 等		

※本書で学習できる範囲は、表の網かけ部分となります。

■実技科目

分野	内容と範囲
文書作成	○企業実務で必要とされる文書作成ソフトの機能、操作法を一通り身につけている。 ○指示に従い、正確かつ迅速にビジネス文書を作成できる。 ○ビジネス文書（社内・社外向け）の雛形を理解し、これを用いて定型的なビジネス文書を作成できる。 ○社内の文書データベースから指示に適合する文書を検索し、これを利用して新たなビジネス文書を作成できる。 ○作成した文書に適切なファイル名を付け保存するとともに、日常業務で活用しやすく整理分類しておくことができる。 等
データ活用	○企業実務で必要とされる表計算ソフトの機能、操作法を一通り身につけている。 ○業務データの迅速かつ正確な入力ができ、紙媒体で収集した情報のデジタルデータベース化が図れる。 ○表計算ソフトにより業務データを一覧表にまとめるとともに、指示に従い集計、分類、並べ替え、計算等ができる。 ○各種グラフの特徴と作成法を理解し、目的に応じて使い分けできる。 ○指示に応じた適切で正確なグラフ作成ができる。 ○表およびグラフにより、業務データを分析するとともに、売上げ予測など分析結果を業務に生かせる。 ○作成したデータベースに適切なファイル名を付け保存するとともに、日常業務で活用しやすく整理分類しておくことができる。 等
プレゼン資料作成	○プレゼンの工程（企画、構成、資料作成、準備、実施）を理解し、指示に従い正確かつ迅速にプレゼン資料を作成できる。 ○プレゼン資料の基本的な雛形や既存のプレゼン資料を活用して、目的に応じて新たなプレゼン資料を作成できる。 ○企業実務で必要とされるプレゼンソフトの基本的な機能を理解し、操作法の基本を身につけている。 ○作成したプレゼン資料に適切なファイル名を付け保存するとともに、日常業務で活用しやすく整理分類しておくことができる。 等

4 Basic（基礎級）

基本的なワープロソフトや表計算ソフトの操作スキルを有し、企業実務に対応することができる。

■実技科目

分野	内容と範囲	
		使用する機能の範囲
文書作成	○企業実務で必要とされる文書作成ソフトの機能、操作法の基本を身につけている。 ○指示に従い、正確にビジネス文書の文字入力、編集ができる。 ○ビジネス文書（社内・社外向け）の種類と作成上の留意点を承知している。 ○ビジネス文書の特徴を承知している。 ○指示に従い、作成した文書ファイルにファイル名を付け保存することができる。 等	○文字列の編集〔移動、複写、挿入、削除等〕 ○文書の書式・体裁を整える〔センタリング、右寄せ、インデント、タブ、小数点揃え、部分的な縦書き、均等割付け等〕 ○文字修飾・文字強調〔文字サイズ、書体（フォント）、網かけ、アンダーライン等〕 ○罫線処理 ○表の作成・編集〔表内の行・列・セルの編集と表内文字列の書式体裁等〕 等
データ活用	○企業実務で必要とされる表計算ソフトの機能、操作法の基本を身につけている。 ○指示に従い、正確に業務データの入力ができる。 ○指示に従い、表計算ソフトにより、並べ替え、順位付け、抽出、計算等ができる。 ○指示に従い、グラフが作成できる。 ○指示に従い、作成したファイルにファイル名を付け保存することができる。 等	○ワークシートへの入力 ・データ（数値・文字）の入力 ・計算式の入力（相対参照・絶対参照） ○関数の入力〔SUM、AVG、INT、ROUND、IF、ROUNDUP、ROUNDDOWN等〕 ○ワークシートの編集 ・データ（数値・文字）・式の編集／消去 ・データ（数値・文字）・式の複写／移動 ・行または列の挿入／削除 ○ワークシートの表示／装飾 ・データ（数値・文字）の表示形式変更 ・データ（数値・文字）の配置変更 ・データ（数値・文字）サイズの変更 ・列（セル）幅の変更 ・罫線の設定 ○グラフの作成 ・グラフ作成〔折れ線・横棒・縦棒・積み上げ・円等〕 ・グラフの装飾 ○データベース機能の利用 ・ソート（並べ替え） ・データの検索・削除・抽出・置換・集計 ○ファイル操作 ・ファイルの保存、読込み 等

試験実施イメージ

1　試験形式

試験形式は、インターネットを介して試験の実施から採点、合否判定までを行う「ネット試験」です。

試験開始ボタンをクリックすると、試験センターから試験問題がダウンロードされ、試験開始となります（試験問題は受験者ごとに違います）。

試験は、知識科目、実技科目の順に解答します。

2　知識科目

知識科目では、上部の問題を読んで下部の選択肢のうち正解と思われるものを選びます。解答に自信がない問題があったときは、「見直しチェック」欄をクリックすると「解答状況」の当該問題番号に色が付くので、あとで時間があれば見直すことができます。

【参考】3級知識科目

※【参考】の問題はサンプル問題です。実際の試験問題とは異なります。

3　実技科目

知識科目を終了すると、実技科目に移ります。試験問題で指定されたファイルを呼び出して（アプリケーションソフトを起動）、答案を作成します。

作成した答案を試験問題で指定されたファイル名で保存します。

【参考】3級実技科目

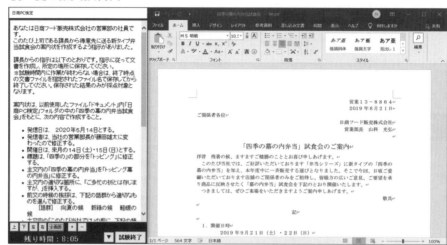

※【参考】の問題はサンプル問題です。実際の試験問題とは異なります。

4　試験結果

試験が終了すると、その場で得点と合否を確認できます。

答案（知識、実技の両科目）はシステムにより自動採点され、得点と試験結果（両科目とも70点以上で合格）が表示されます。

合格証は、2021年4月受験分より、これまでのカードからデジタル合格証となります（合格された方の試験結果にQRコードが表示され、それをスマートフォン等で読み込むことにより入手できます）。

3級

共通分野
問題

文書作成、データ活用、プレゼン資料作成の各分野に共通する
問題(100問)を記載しています。

3級 共通分野 問題

■問題1 個人や数人のグループで運営される、日記のように日々更新されるWebサイトの総称を、次の中から選びなさい。

1 グループウェア
2 ブログ
3 ポータル

■問題2 公開鍵と秘密鍵の2つを使用する暗号方式を、次の中から選びなさい。

1 公開鍵暗号方式
2 共通鍵暗号方式
3 対鍵暗号方式

■問題3 障害者や高齢者を含め、誰でも簡単な操作でホームページを利用しやすくすることを表した用語を、次の中から選びなさい。

1 トレーサビリティー
2 アカウンタビリティー
3 アクセシビリティー

■問題4 総務部では、「S」+「データ名」+「作成年月日」をファイル名の付け方としてルール化している。ファイル名として最も適切なものを、次の中から選びなさい。

1 S人事210915
2 S人事課21
3 S21採用管理

■問題5 個人と組織の予定をリアルタイムに共有するために必要な方法として適切なものを、次の中から選びなさい。

1 毎日、朝と夕方に自分の予定データを会社のサーバーと同期させる。
2 各自の予定データを一元管理する。
3 それぞれの予定をメールで知らせ合う。

■問題6 USBはパソコンだけではなくスマートフォンやタブレット等にも使用されているが、USBのコネクターとして適切なものを、次の中から選びなさい。

1 USB Type-1
2 USB Type-C
3 USB Type-DX

■問題 7　Bluetoothとは短距離無線通信の規格であるが、使用する機器を接続する際に行う行為として適切なものを、次の中から選びなさい。

1　ペアリング
2　マッチング
3　チューニング

■問題 8　Webページを閲覧するためのソフトを、次の中から選びなさい。

1　ブラウザー
2　URL
3　ハイパーリンク

■問題 9　コンピューターウイルスのように悪意のあるプログラムをマルウェアという。このマルウェアのうち、利用者に気づかれないように個人情報を収集するプログラムの名称として適切なものを、次の中から選びなさい。

1　ボット
2　ランサムウェア
3　スパイウェア

■問題 10　ネットを使って仕事をするうえで重要となる考え方として適切なものを、次の中から選びなさい。

1　個々人が自分にとって最適な方法を考えること。
2　それぞれの部門・組織で最適な方法を考えること。
3　企業・組織全体として最適な方法を考えること。

■問題 11　「ネット社会」における業務データの流れについての適切な説明を、次の中から選びなさい。

1　注文データは、発生時からデジタルデータになる。
2　注文データは、受注、納品、請求時に各部門で必要に応じてデジタル化する。
3　注文データは、デジタル化されても印刷物での保存は必要である。

■問題 12　ホスティングサービスを利用する場合の特徴として最も適切なものを、次の中から選びなさい。

1　サーバーのレンタル費用が発生する。
2　自社内にサーバー管理者が必要になる。
3　ルーターが必要になる。

■ 問題 **13**　「docx」や「xlsx」のように、ファイル名の末尾にピリオドで区切られて付いた文字列で、ファイルの種類を示すものの名称を、次の中から選びなさい。

1　アドレス
2　拡張子
3　URL

■ 問題 **14**　システムの設計上のミスやプログラムのバグにより生じたセキュリティー機能の欠陥を、次の中から選びなさい。

1　ワーム
2　セキュリティーホール
3　ファイアウォール

■ 問題 **15**　パソコンやインターネットなどを利用して学習することの名称として適切なものを、次の中から選びなさい。

1　eラーニング
2　ゼミナール
3　ホームワーク

■ 問題 **16**　パソコンの周辺機器のうち、入力装置にあたるものを、次の中から選びなさい。

1　プリンター
2　ディスプレイ
3　スキャナー

■ 問題 **17**　データをバックアップするためのメディアで書き換えができないものを、次の中から選びなさい。

1　USBメモリー
2　CD-R
3　SDメモリーカード

■ 問題 **18**　ファイルを分類して保管するために作る入れ物の名称を、次の中から選びなさい。

1　フォルダー
2　レジストリー
3　ショートカット

■問題 **19**　Windowsのファイル選択で、連続しない複数のファイルを選択するときに使うキーを、次の中から選びなさい。

　　1　⌨Alt

　　2　⌨Shift

　　3　⌨Ctrl

■問題 **20**　コンピューターのシステムを管理し、ユーザーが利用するための操作環境を提供するソフトを、次の中から選びなさい。

　　1　ドライバー

　　2　OS

　　3　BIOS

■問題 **21**　OS（オペレーティングシステム）と呼ばれる基本ソフトに対し、ワープロや表計算など特定の目的に利用するソフトの名称を、次の中から選びなさい。

　　1　ドライバー

　　2　アプリケーションソフト

　　3　ウィンドウズ

■問題 **22**　紙ではできない電子データならではのメリットを、次の中から選びなさい。

　　1　ブラウザーの画面で文字をクリックすると、ハイパーリンクでほかの画面を表示することができる。

　　2　同じ文書を大量に印刷することができる。

　　3　一覧性のある大きい表を作ることができる。

■問題 **23**　マイナンバー制度の目的について不適切なものを、次の中から選びなさい。

　　1　行政運営における透明性の向上

　　2　行政の効率化

　　3　公平・公正な社会の実現

■問題 **24**　あなたは、上司からあるグラフィックスソフトの購入を指示された。購入する際に必ず確認しなければいけないことを、次の中から選びなさい。

　　1　使用するパソコンのメーカー

　　2　使用するパソコンのOS

　　3　使用するパソコンの色

■問題 **25**　デジタルデータの容量として、左から小さい順に並んでいるものを、次の中から選びなさい。

    1　1KB→1GB→1MB

    2　1MB→1KB→1GB

    3　1KB→1MB→1GB

■問題 **26**　Windowsパソコンで文書作成をしていたところ、急に画面が動かなくなった。キーボードを押してもマウスを操作しても反応しない。このような場合に行う最も適切な操作を、次の中から選びなさい。

    1　[Ctrl]と[Alt]と[Delete]を同時に押す。

    2　パソコンの電源スイッチを切る。

    3　[Alt]と[Esc]を同時に押す。

■問題 **27**　デジタルカメラで撮った画像データのファイル形式を、次の中から選びなさい。

    1　JPEG

    2　MPEG

    3　MP3

■問題 **28**　パソコンの入れ替えにあたり、できる限り処理速度の速い機種を選定しようと考えている。考慮すべき優先順位が最も低いものを、次の中から選びなさい。

    1　メモリー

    2　CPU

    3　ディスプレイの解像度

■問題 **29**　グループウェアの機能に該当しないものを、次の中から選びなさい。

    1　プレゼン機能

    2　スケジュール管理機能

    3　電子掲示板機能

■問題 **30**　ネットワークを通じて、端末からネットワーク上のサーバーへデータを転送する操作を、次の中から選びなさい。

    1　アップデート

    2　ダウンロード

    3　アップロード

■ 問題 31　一般に、プロバイダーが提供するサービスに該当しないものを、次の中から選びなさい。

　　1　ドメイン名の管理

　　2　メールサービスの提供

　　3　ホームページエリアの提供

■ 問題 32　LANとインターネットを接続するのに用いられる機器を、次の中から選びなさい。

　　1　USB

　　2　HUB

　　3　ルーター

■ 問題 33　USBメモリーの説明として不適切なものを、次の中から選びなさい。

　　1　パソコンから直接読み書きできる。

　　2　10MBを超える大容量のファイルは保存できない。

　　3　リーダーライターなど必要とせず単体で動作する。

■ 問題 34　パソコンの頭脳にあたるCPUの処理速度を示す動作周波数の単位を、次の中から選びなさい。

　　1　B（バイト）

　　2　Hz（ヘルツ）

　　3　W（ワット）

■ 問題 35　社内でコンピューターウイルスに感染した場合にまず行うべきことを、次の中から選びなさい。

　　1　ネットワーク管理者に相談する。

　　2　パソコンをネットワークから切り離す。

　　3　ウイルスチェックをする。

■ 問題 36　データベースにデータを入力する際に注意すべきことを、次の中から選びなさい。

　　1　項目ごとにデータの形式や桁数を決めて入力する。

　　2　データの入力前に、郵便番号順やあいうえお順に整理してから入力する。

　　3　データの発生した時間順に入力する。

■問題 37 個人番号（マイナンバー）が付番される対象とならないものを、次の中から選びなさい。

1 日本国内に住所がある日本国籍を有する国民

2 日本国内に住所がなく、外国に居住している日本国籍を有する国民

3 日本国内に住所がある外国国籍を有する外国人

■問題 38 業務データのデータを数箇所で持つ管理方法について複数管理と一元管理に分けた場合、一元管理のメリットに該当しないものを、次の中から選びなさい。

1 データが変更になった場合、1箇所を修正するだけでよい。

2 データを簡単にコピーして配布することができる。

3 最新のデータを把握しておくことができる。

■問題 39 デジタルデータの特徴として不適切なものを、次の中から選びなさい。

1 大量複写、配布、メディア交換が容易になる。

2 データの再利用、再加工、再編集が可能になる。

3 データの入力はキーボードからのみ可能になる。

■問題 40 一般に、デジタルカメラの記録メディアとして使用されていないものを、次の中から選びなさい。

1

2

3

■問題 41 「ネット社会」において、情報共有や配信に有効なツールには該当しないものを、次の中から選びなさい。

1 グループウェア

2 メールソフト

3 ウイルス対策ソフト

■問題 42 情報セキュリティーの三大特性のひとつに「認められた人だけが情報にアクセスできること」が挙げられるが、その特性として適しているものを、次の中から選びなさい。

1 機密性

2 完全性

3 可用性

■問題 43　情報を共有したり配信したりするための方法を「Push型」と「Pull型」に分けたとき、「Push型」の説明に該当するものを、次の中から選びなさい。

1　新しい情報はサーバーなどに蓄積され、必要なときに見に行く。

2　新しい情報は電子メールなどで知らせてくれる。

3　新しい情報は原則として管理者以外は見ることができない。

■問題 44　著作権侵害の恐れがあるものを、次の中から選びなさい。

1　無断で芸能人の顔写真を撮り、自分のホームページに掲載している。

2　ほかのホームページに掲載されている文章や写真などを、無断で自分のホームページに掲載している。

3　自分のホームページから無断でほかのホームページにリンクを張っている。

■問題 45　インターネットを通じてアプリケーションサービスなどを提供する事業者を、次の中から選びなさい。

1　IDC

2　ASP

3　ERP

■問題 46　一般に、商取引において作成する書類の順序として適切なものを、次の中から選びなさい。

1　見積書→納品書→請求書

2　請求書→納品書→見積書

3　納品書→請求書→見積書

■問題 47　デジタルデータを主体としたビジネスプロセスは、担当者以外の人からは直接見えなくなるため、仕事を遂行するうえで重要なポイントは何か。次の中から選びなさい。

1　パソコンの処理能力

2　一人一人の知識とスキル

3　結論のみの報告・共有

■問題 48　取引先のコンピューターの機種や環境によらず、文書の印刷イメージを最も適切に伝えることができるファイル形式を、次の中から選びなさい。

1　ワープロファイル

2　プレゼンファイル

3　PDFファイル

■問題 **49**　営業部の2021年度売上データが入っているフォルダー名の付け方として最も適切なものを、次の中から選びなさい。

　　1　営売上2021

　　2　営業部

　　3　売上データ

■問題 **50**　ファイルを保管する際に、すでに同名のファイルがあった場合の注意事項として適切なものを、次の中から選びなさい。

　　1　上書きされてしまう可能性があるので、別名で保管するようにする。

　　2　自動的に別名ファイルになるので、特に注意することはない。

　　3　元のファイルとの差分が保管されるので、特に注意することはない。

■問題 **51**　社内でファイルを保管する際のファイル名の付け方として不適切なものを、次の中から選びなさい。

　　1　ファイル名は社内ルールに基づいて付ける。

　　2　ファイル名はわかりやすいように付ける。

　　3　ファイル名は自由に付けてよい。

■問題 **52**　サーバーにあるファイルを特定のユーザーだけに読み書きできるようにするために与えるものを、次の中から選びなさい。

　　1　アドレス

　　2　アクセス権限

　　3　ライセンス

■問題 **53**　ネットワーク上でコンピューターを1台1台識別する設定情報を、次の中から選びなさい。

　　1　HUB

　　2　DHCP

　　3　IPアドレス

■問題 **54**　図面などデータ量が多いファイルをメールでやりとりするためにデータサイズを小さくする操作を、次の中から選びなさい。

　　1　圧縮

　　2　分解

　　3　集積

■問題 55 フォルダーに関する記述として不適切なものを、次の中から選びなさい。

1 ファイルをまとめて整理しておくのがフォルダーである。

2 フォルダーの中に別のフォルダーを含むことはできない。

3 フォルダー名の付け方は自由であるが、業務で使用する場合、命名のルールを決めておくとよい。

■問題 56 ホームページにいつどれだけの来訪者があり、どういう経路で来訪したかなど、来訪者の動向を知ることができる機能を、次の中から選びなさい。

1 アクセスログ

2 検索エンジン

3 グループウェア

■問題 57 ネットを活用して情報発信する際に注意すべきことを、次の中から選びなさい。

1 発信する情報はメールで知らせ合う必要がある。

2 特定のグループだけに情報提供できない。

3 一度発信すると取り消すことができなくなる。

■問題 58 ソフトウェア型ロボットによる業務の自動化が進んでいるが、その略称として適しているものを、次の中から選びなさい。

1 IoT

2 SaaS

3 RPA

■問題 59 表計算ソフト（Microsoft Excel）で作成したファイルを、次の中から選びなさい。

1 商品紹介.pptx

2 展示会の案内.docx

3 商品仕様一覧.xlsx

■問題 60 ホームページでのアクセシビリティーへの対応の具体例として不適切なものを、次の中から選びなさい。

1 マウス等で指示した文字を音声で読み上げる。

2 画面の配色は目立つように原色を使う。

3 文字サイズを拡大表示する。

■ **問題 61** イベントの案内を得意先にメールで通知する場合、案内メールを一斉送信するのに最も適した方法を、次の中から選びなさい。

1 得意先のメールアドレスをBCCに入力する。

2 得意先のメールアドレスをTOに入力する。

3 得意先のメールアドレスをCCに入力する。

■ **問題 62** コンピューターウイルスの感染は企業活動に大きな影響を与える。ウイルス感染に直接関係があるものを、次の中から選びなさい。

1 ファイルをプリンターで印刷する。

2 出所のわからないソフトをインストールする。

3 メールで大きな容量のファイルを送信する。

■ **問題 63** ネットワークを通じて、サーバーから端末へデータを転送する操作を、次の中から選びなさい。

1 アップデート

2 ダウンロード

3 アップロード

■ **問題 64** 周辺機器を動作させるソフトを、次の中から選びなさい。

1 ランチャー

2 ドライバー

3 ブラウザー

■ **問題 65** 一般に、プロバイダーが提供するサービスを、次の中から選びなさい。

1 メールサービスの提供

2 パソコンの提供

3 ルーターの設定

■ **問題 66** Webページの内容を送受信するWebサーバーとブラウザーの間のプロトコルを、次の中から選びなさい。

1 HTTP

2 WWW

3 URL

問題 67　外部との通信を制御し、内部のネットワークの安全を維持する仕組みを、次の中から選びなさい。

1　ファイアウォール
2　セキュリティーホール
3　ワーム

問題 68　データやプログラムを記憶する装置であるメモリーの容量を示す単位を、次の中から選びなさい。

1　B（バイト）
2　Hz（ヘルツ）
3　W（ワット）

問題 69　マウスやキーボードなどの周辺機器をパソコンと接続するのに用いられるインターフェイスの規格を、次の中から選びなさい。

1　USB
2　HUB
3　ルーター

問題 70　製品の生産や流通の履歴を参照できるシステムを、次の中から選びなさい。

1　アクセシビリティー
2　トレーサビリティー
3　アカウンタビリティー

問題 71　パソコンの周辺機器のうち、出力装置にあたるものを、次の中から選びなさい。

1　ディスプレイ
2　キーボード
3　スキャナー

問題 72　Windowsで、深い階層に置かれているファイルへのアクセスを簡単にする機能を、次の中から選びなさい。

1　フォルダー
2　レジストリー
3　ショートカット

■問題 73 文書作成ソフト（Microsoft Word）で作成したファイルを、次の中から選びなさい。

1 展示会の案内.docx

2 商品仕様一覧.xlsx

3 商品紹介.pptx

■問題 74 高速移動体通信に5Gがあるが、Gは何の略称であるか、次の中から選びなさい。

1 Giga

2 Great

3 Generation

■問題 75 インターネットを活用するメリットとして最も適切なものを、次の中から選びなさい。

1 低コスト、短時間で多くの人に情報発信することが可能である。

2 発信した情報の内容について責任は問われない。

3 高コストだが信用できる多くの情報を得ることが可能である。

■問題 76 インターネット上の情報をキーワードなどを使って探す機能を、次の中から選びなさい。

1 アクセスログ

2 グループウェア

3 検索エンジン

■問題 77 Windowsで使われるショートカットの説明として適切なものを、次の中から選びなさい。

1 ファイルへの参照として機能する。

2 ファイルを保存するときの階層である。

3 沢山作るとメモリーを消費する。

■問題 78 e-文書法の施行により、紙の書類を（　　　）で読み取り、PDF形式で保存しておく方法が増えている。
（　　　）に入る適切なものを、次の中から選びなさい。

1 デジタルカメラ

2 プロジェクター

3 スキャナー

問題 79 　図面や画像データなどデータ量が多いファイルのデータサイズを小さくしたあとで、ファイルを元に戻す操作を、次の中から選びなさい。

1 　解凍
2 　分解
3 　圧縮

問題 80 　Webページを閲覧するために、インターネット上の場所を特定する住所にあたるものを、次の中から選びなさい。

1 　ハイパーリンク
2 　URL
3 　ブラウザー

問題 81 　ネットを活用した情報発信で注意すべきことを、次の中から選びなさい。

1 　スピード
2 　法令遵守（コンプライアンス）
3 　情報配信コスト

問題 82 　ネットショップに来訪する顧客の購買動向に関する情報を収集することで可能になるマーケティングを、次の中から選びなさい。

1 　ステルスマーケティング
2 　ワントゥーワンマーケティング
3 　パーミッションマーケティング

問題 83 　ネットとITを活用したメディアがアナログテレビやラジオ放送と異なる点を、次の中から選びなさい。

1 　双方向性を備える。
2 　公共性がない。
3 　動画や音楽などの表現方法が使える。

問題 84 　インターネット上で音声通話を実現する技術を、次の中から選びなさい。

1 　VPN
2 　EDI
3 　VoIP

■問題 85　個人番号（マイナンバー）に関する記述として不適切なものを、次の中から選びなさい。

1　交付された個人番号（マイナンバー）の利用は、「社会保障」「税」「災害対策」に関する分野に限定されている。

2　企業は従業員本人とその家族（配偶者や扶養家族）、退職した年金受給者の個人番号（マイナンバー）を収集する必要がある。

3　通知カードは身分証明書として使用することができる。

■問題 86　著作権法によって保護されないものを、次の中から選びなさい。

1　プログラム

2　プログラム言語

3　音楽

■問題 87　流通BMS EDIプラットフォームで使用されているデータ交換のデータ形式を、次の中から選びなさい。

1　CSVデータ

2　固定長データ

3　XMLデータ

■問題 88　音声ファイルや画像ファイルなどのデータファイルに対して、コンピューターが実行できる形式のファイルを、次の中から選びなさい。

1　文書ファイル

2　バックアップファイル

3　プログラムファイル

■問題 89　業務で電子メールを使用するうえで不適切なものを、次の中から選びなさい。

1　業務用と私用のメールアドレスは1つにする。

2　社外メールと社内メールの署名を使い分ける。

3　自分の受信フォルダーにサブフォルダーを作成してメールを整理する。

■問題 90　HTMLなどの専門知識がない初心者でも、ブラウザーを使ってコンテンツを管理することができるシステムを、次の中から選びなさい。

1　SNS

2　CSS

3　CMS

問題 91　アナログの情報をデジタル化する行為に該当するものを、次の中から選びなさい。

1　グラフィックスソフトを使用して描いた絵をWebページに掲載する。

2　イメージスキャナーを使用して新聞紙面の一部をパソコンに取り込む。

3　電子メールで受信した文面をメモリーカードに保存する。

問題 92　インターネット上の情報が正しいかどうかの判断に関する記述として適切なものを、次の中から選びなさい。

1　検索エンジンで検索した結果、最初に表示されたWebページなどの情報は信頼できる。

2　同じ情報を扱っている複数のWebページや書籍、新聞など別のメディアで調べてから判断する。

3　個人が公開しているWebページなどの情報はそのまま信頼してよい。

問題 93　社員名簿や顧客名簿の管理について注意すべきことを、次の中から選びなさい。

1　個人情報の流出

2　著作権の侵害

3　電子証明書の期限

問題 94　ハードディスクに保存しているファイルを外部メモリーにドラッグアンドドロップした場合に起こることを、次の中から選びなさい。

1　ドライブが異なるので、外部メモリーにはドラッグアンドドロップで移動できない。

2　ハードディスクのファイルが外部メモリーに移動して、ハードディスクからは消える。

3　ハードディスクに保存してあるファイルのコピーが、外部メモリーに保存される。

問題 95　USBメモリーに保存してあるファイルを間違って削除した場合の説明として適切なものを、次の中から選びなさい。

1　デスクトップのごみ箱フォルダーに入っているのでこれを開き、対象のファイルを選択して元に戻す処理をする。

2　USBメモリーに保存されているファイルはごみ箱フォルダーに入らないで削除されるので、元に戻すことはできない。

3　USBメモリーの中にもごみ箱フォルダーがあるので、USBメモリーのごみ箱フォルダーを開いて元に戻す処理をする。

■問題**96**　友人などとのつながりの中で情報交換を楽しむためのサービスの略称を、次の中から選びなさい。

1　SSL

2　SNS

3　SEO

■問題**97**　インターネットの掲示板やSNSで、「個人を特定して責任を追及している」という誹謗中傷にあたるものを、次の中から選びなさい。

1　我が家のお父さんは、お母さんに会社の帰りに買い物を頼まれましたが、会社に財布を忘れてしまい、買い物ができないと怒られるので会社に取りに戻りました。

2　先週の日曜日、B（実名）ちゃんのお父さんは地域のトライアスロンで転んで川に落ちました。

3　X（実名）小学校の運動会の父兄参加のリレーで、張り切り過ぎてA（実名）ちゃんのお父さんが転んだのがビリになった原因だよね。

■問題**98**　「ネット社会」ではセキュリティーに対する高い意識が必要であるが、現在の個人認証の手段ではないものを、次の中から選びなさい。

1　パスワード

2　送信ドメイン認証

3　生体認証

■問題**99**　サーバーを預かり、インターネットへの接続回線や保守・運用サービスを提供する施設の呼び名を、次の中から選びなさい。

1　ERP

2　ASP

3　IDC

■問題**100**　インターネット上で自社商品を企業向けに販売する取引の呼び名を、次の中から選びなさい。

1　BtoC

2　BtoB

3　BtoG

3級

文書作成分野
問題

文書作成分野の問題(50問)を記載しています。

3級 文書作成分野 問題

■問題 101

社外文書の宛名を、次のように記入した。

　　日商サービス株式会社
　　山田一郎総務部長

これを見た上司から、訂正するように言われた。その理由として考えられるものを、次の中から選びなさい。

1　「総務部長　山田一郎各位」のように敬称「各位」を付けなければならない。

2　「総務部長　山田一郎様」のように敬称「様」を付けなければならない。

3　「山田一郎総務部長御中」のように敬称「御中」を付けなければならない。

■問題 102

図解の作成手順は、まず、図解として取り上げたい（　①　）と図解の（　②　）を明確にする。

（　　　　）に入る最も適切なものを、次の中から選びなさい。

1　①テーマ　　②目的

2　①種類　　②組み合わせ

3　①パターン　②キーワード

■問題 103

漢字とひらがなの使い分けが適切な文を、次の中から選びなさい。

1　新聞に載っている記事をよむ。

2　新聞に載っている記事を読む。

3　新聞に載って居る記事を読む。

■問題 104

算用数字と漢数字の使い方が最も適切な文を、次の中から選びなさい。

1　定価1,000円の商品を買い、1,000円札で支払った。

2　定価千円の商品を買い、千円札で支払った。

3　定価1,000円の商品を買い、千円札で支払った。

■問題 105

算用数字または漢数字の使い方が最も適切な文を、次の中から選びなさい。

1　試合は1進1退の攻防を繰り広げている。

2　1度に解決することは不可能だ。

3　一人っ子が増加している。

問題 106 1月中旬に発信する社外文書の時候の挨拶に「寒冷の候」と書いたところ、上司から間違っていると指摘を受けた。その理由として考えられるものを、次の中から選びなさい。

  1 「寒冷の候」は12月に使う表現であるから。

  2 社外文書に時候の挨拶を書くべきではないから。

  3 「寒冷」という熟語は存在しないから。

問題 107 社外文書の前文として適切なものを、次の中から選びなさい。

  1 貴社におかれましては、ますますご活躍のこととお喜び申し上げます。

  2 貴社におかれましては、ますますご隆盛のこととお喜び申し上げます。

  3 山本様には、ますますご隆昌のこととお喜び申し上げます。

問題 108 社外文書を作成するうえで求められることを、次の中から選びなさい。

  1 文書は簡潔な表現にし、敬語も最小限にとどめる。

  2 儀礼的な要素はできる限り排除する。

  3 整った形式で相手に敬意を表した表現にする。

問題 109 時間軸を横軸にとり、作業と担当者ごとの必要時間を示した図解の呼び名として適切なものを、次の中から選びなさい。

  1 スケジュール管理図

  2 座標図

  3 プロセス図

問題 110 社外文書を作成したところ、文中の「指摘してください」の表現を修正するように上司から指示された。適切に修正されている文を、次の中から選びなさい。

  1 ご指摘いただきたく思います。

  2 ご指摘いただきたく存じます。

  3 ご指摘いただけますようお願いします。

問題 111 本文中で「4,138,500,000円」と書いたところ、上司から読みやすく書き換えるよう指示された。適切に書き換えられているものを、次の中から選びなさい。

  1 41億3,850万円

  2 四十一億三千八百五十万円

  3 413,850万円

■問題 **112** マトリックス型図解の特徴として最も適切なものを、次の中から選びなさい。

1 全体の流れと個々の作業を明確に示すことができる。

2 個々の要素の全体の中での位置づけや傾向を明確に示すことができる。

3 各要素の位置づけや時間の流れを明確に示すことができる。

■問題 **113** 次の文書を社外文書の案内文として書いたところ、次の箇所は文が長いので文を分けて簡潔にするように、上司から指示された。

新製品の浄水器「ピュアNPC」シリーズは、浄水性能が優れているだけではなく、洗浄しやすく清潔に使える構造とシンプルなデザインが好評で、多くのお客様にお選びいただいて、累計500万個を販売しています。

分割した最も適切な文を、次の中から選びなさい。

1 新製品の浄水器「ピュアNPC」は、多くのお客様からお選びいただき、累計500万個を販売しているシリーズで、浄水性能が優れており、洗浄しやすく清潔に使える構造を持っています。シンプルなデザインも好評です。

2 新製品の浄水器「ピュアNPC」は、多くのお客様からお選びいただき、累計500万個を販売しているシリーズです。この製品は、浄水性能が優れており、洗浄しやすく清潔に使える構造を持っています。さらに、シンプルなデザインが好評です。

3 新製品の浄水器「ピュアNPC」シリーズは、浄水性能が優れているだけではなく、洗浄しやすく清潔に使える構造とシンプルなデザインが好評です。多くのお客様にお選びいただいています。累計500万個を販売しています。

■問題 **114** 文書のライフサイクルから見て「保管・保存」のプロセスに必要な知識・技術を、次の中から選びなさい。

1 データ消去ソフト

2 文字コード、フォント

3 電子メディア

■問題 **115** 副詞「必ず」の係り受けが適切な文を、次の中から選びなさい。

1 必ず参加してください。

2 必ず参加しないでください。

3 必ず参加しないでしょう。

■問題 **116** 円グラフの主な用途を、次の中から選びなさい。

1 相関関係を示したいときに使う。

2 各項目の値を比較したいときに使う。

3 構成比率を示したいときに使う。

問題 117 パソコンで発信日を基準にして文書を管理したいとき、フォルダーの分類の仕方として適切なものを、次の中から選びなさい。

1 時系列で分類する。

2 文書の種類別に分類する。

3 テーマによって分類する。

問題 118 電子メールで段落を区別する方法として最もわかりやすいものを、次の中から選びなさい。

1 1行空けや1字下げは行わないで改行だけで示す。

2 段落の最初の1文字分を字下げする。

3 段落間を1行空ける。

問題 119 2通りの意味にとれる文を、次の中から選びなさい。

1 セキュリティー強化のため、構内立入許可証を新規作成する場合の運用ルールを以下のように変更します。

2 彼は課長と部長に報告しました。

3 会議開催に際しては、招集者はもとより出席メンバー全員が事前準備を十分に行ったうえで会議に臨んでください。

問題 120 長い文章を内容のまとまりごとに区切ったものの呼び方として適切なものを、次の中から選びなさい。

1 単語

2 文節

3 段落

問題 121 主語と述語の係り受けが不適切なものを、次の中から選びなさい。

1 この提案書が説得力を持っているのは、根拠が明確に示されている。

2 地方に起源を持つ企業が東京に本社を移しているため、都心部に次々と建てられる高層オフィスビルも続々と埋まっている。

3 施行規則の経過処置によって、社外役員などのいくつかの事項は、今年の定時株主総会では開示しなくてもよいことになった。

問題 122 頭語と結語の組み合わせで不適切なものを、次の中から選びなさい。

1 拝啓－敬具

2 前略－草々

3 冠省－敬具

■ 問題 **123** 文章を構成する単位で、左から大きい順に並んでいるものを、次の中から選びなさい。

    1 文節→文→単語

    2 文→文節→単語

    3 単語→文節→文

■ 問題 **124** 「末文」にあたる文を、次の中から選びなさい。

    1 今後ともよろしくお引き立てのほどお願い申し上げます。

    2 新春の候、ますますご清栄のこととお喜び申し上げます。

    3 当社の業務につきましては、平素から格別のご厚情を賜り、厚くお礼申し上げます。

■ 問題 **125** 文書のライフサイクルにおいて、「作成」から「廃棄」までの流れとして適切なものを、次の中から選びなさい。

    1 「作成」→「保管」→「伝達」→「保存」→「廃棄」

    2 「作成」→「伝達」→「保管」→「保存」→「廃棄」

    3 「作成」→「伝達」→「保存」→「保管」→「廃棄」

■ 問題 **126** 常用漢字の説明として適切なものを、次の中から選びなさい。

    1 ビジネス文書では、これ以外の漢字を使用することは禁止されている。

    2 一般の社会生活において、漢字使用の目安となるものである。

    3 現在、その数は4,195字ある。

■ 問題 **127** ビジネス文書を社内文書と社外文書に分けた場合、一般に社外文書に分類されるものを、次の中から選びなさい。

    1 見積書、注文書

    2 指示書、手順書

    3 議事録、稟議書

■ 問題 **128** 「冷房運転は、外気温度が24℃以上の場合、外気温度が20℃以上でかつ外気湿度が65%以上の場合、または室温が28℃を超えた場合に運転します。」
この文を箇条書きにした場合の項目数を、次の中から選びなさい。

    1 2つ

    2 3つ

    3 4つ

問題 129 文中の専門用語を欄外で説明するために、専門用語と欄外の説明文に同じ記号を使った。その際に使用する記号を、次の中から選びなさい。

1　□

2　◎

3　＊

問題 130 社内で実施した研修の実績報告書を部長宛てに電子メールで送るように指示された。その場合の最も適切な件名を、次の中から選びなさい。

1　先ほど依頼のあった研修実績報告書について

2　社内報告書

3　研修実績報告書（2021年度前期）

問題 131 社外向け電子メールの前文と末文の考え方で適切なものを、次の中から選びなさい。

1　簡単な前文、末文を入れる。

2　手紙文に準じた前文、末文を入れる。

3　社外向け電子メールであっても、前文、末文を入れる必要はない。

問題 132 文書のライフサイクルにおける「文書データの保存」の解説として最も適切なものを、次の中から選びなさい。

1　文書データを個人のパソコンまたは部門のサーバーに格納し、活用している状態をいう。

2　廃棄できない文書データを、ハードディスクやDVDなどほかのメディアに移しておくことをいう。

3　紙の状態で管理し、デジタルデータを廃棄した状態をいう。

問題 133 議事録を作成する際に、必要に応じて記載するものを、次の中から選びなさい。

1　議題

2　次回の開催日

3　日時・場所

問題 134 尊敬語の使い方が最も適切な文を、次の中から選びなさい。

1　先生が到着されます。

2　先生が出発いたします。

3　先生が申し上げます。

■問題 **135**　漢字の使用が不適切なものを、次の中から選びなさい。

1　テレビを見る。
2　タクシーが過ぎていく。
3　セットして置く。

■問題 **136**　範囲を示す言葉で意味が同じになるものを、次の中から選びなさい。

1　「20歳未満」と「21歳以下」
2　「30人を超えたとき」と「31人以上のとき」
3　「100人以下」と「0〜99人」

■問題 **137**　いくつかの手順を経て完成する仕事を図解するように上司から指示された。この際に用いる図解として最も適切なものを、次の中から選びなさい。

1　フローチャート
2　マトリックス型図解
3　組織図

■問題 **138**　敬称の使い方として不適切なものを、次の中から選びなさい。

1　社員各位
2　ご一同様
3　関係各位殿

■問題 **139**　箇条書きの説明で不適切なものを、次の中から選びなさい。

1　1項目1要点、かつ項目全体を1つの大きな主題でまとめたもの。
2　ポイントとなる文や単語を整理した複数の項目を書き並べたもの。
3　複数の項目や構成要素を一文にまとめたもの。

■問題 **140**　棒グラフの用途として不適切なものを、次の中から選びなさい。

1　相関関係を示したいときに使う。
2　各項目の値を比較したいときに使う。
3　構成比率を示したいときに使う。

■問題 **141**　社外文書の前文で用いる挨拶の言葉として不適切なものを、次の中から選びなさい。

1　貴社ますますご発展のこととお喜び申し上げます。
2　貴社ますますご健勝のこととお喜び申し上げます。
3　貴店ますますご繁栄のこととお喜び申し上げます。

■問題 **142** 社外文書の用語とその意味として不適切なものを、次の中から選びなさい。

1　ご笑納＝つまらないものですが、笑って納めてください。

2　ご引見＝意見をください。

3　ご査収＝調べて受け取ってください。

■問題 **143** ビジネス文書で使われることが少ない構成を、次の中から選びなさい。

1　起承転結

2　概論→各論

3　概論→各論→まとめ

■問題 **144** 社内向け電子メールと社外向け電子メールに関して述べた文として適切なものを、次の中から選びなさい。

1　社外向け電子メールであっても、特に急いでいるときは挨拶抜きで用件に入る。

2　社内向け電子メールと社外向け電子メールの文章表現には、基本的な違いはない。

3　社内向け電子メールは効率優先とするが、社外向け電子メールでは失礼にならないような配慮が求められる。

■問題 **145** 社外向け電子メールの前文として適切なものを、次の中から選びなさい。

1　拝啓　時下、ますますご隆盛のこととお喜び申し上げます。

2　いつもお世話になっております。

3　前略　平素は、格別のご愛顧を賜り誠にありがとうございます。

■問題 **146** 「図解」に含まれないものを、次の中から選びなさい。

1　フローチャート

2　行頭記号に「■」を使った体言止めの箇条書き

3　組織図

■問題 **147** 折れ線グラフに関する記述として適切なものを、次の中から選びなさい。

1　目盛りの基点は、必ずしも「0」でなくてもよい。

2　各項目の値の比較をするのに向いている。

3　相関関係を示すのに向いている。

■ **問題 148** 用紙サイズで左から小さいサイズ順で並んでいるものを、次の中から選びなさい。

　　1　A5→A4→B5→B4

　　2　B5→A5→A4→B4

　　3　A5→B5→A4→B4

■ **問題 149** 記述記号の中で文の終わりを示す「。」の適切な名称を、次の中から選びなさい。

　　1　濁点

　　2　読点

　　3　句点

■ **問題 150** フォルダーの分類として不適切なものを、次の中から選びなさい。

　　1　テーマによる分類

　　2　ファイルサイズによる分類

　　3　固有名詞による分類

3級

データ活用分野
問題

データ活用分野の問題(50問)を記載しています。

3級 データ活用分野　問題

■問題 **151** データはグラフ化することにより、データの（　①　）や時間の経過による（　②　）を視覚的に捉えることができる。
（　　　）に入る最も適切な語句を、次の中から選びなさい。

1　①強弱　②分布

2　①属性　②特性

3　①大小　②推移

■問題 **152** ソートの際に数値を大きいものから小さいものに並べる呼び名を、次の中から選びなさい。

1　昇順

2　降順

3　階順

■問題 **153** 表計算ソフトで、テンプレートとなる表を作成する際、共有するファイルを書き換えられないように行う設定として適切なものを、次の中から選びなさい。

1　読み取り専用に設定する。

2　改ページを設定する。

3　パスワードを設定する。

■問題 **154** 本年度の売上目標額1,200万円に対し、現在の売上金額は900万円あった場合の目標達成率を、次の中から選びなさい。

1　33%

2　75%

3　133%

■問題 **155** 表計算ソフトの集計機能のひとつである小計（《データ》タブ→《アウトライン》グループ内）において操作ができないものを、次の中から選びなさい。

1　合計

2　クロス集計

3　平均

■ **問題 156** 直前で実行した操作（例：塗りつぶし等）を繰り返して実行するときに使うキーを、次の中から選びなさい。

1 　F2
2 　F4
3 　Alt

■ **問題 157** 全国15支店の売上を分析し、対前期比が100%を超える支店の来期目標は10%増に、超えていない支店は5%増に、再計算可能な設定にしたい。この際に使用するものを、次の中から選びなさい。

1 　IF関数
2 　アウトライン
3 　ピボットテーブル

■ **問題 158** 月別の売上実績を比較するグラフとして最も適切なものを、次の中から選びなさい。

1 　円グラフ
2 　棒グラフ
3 　レーダーチャート

■ **問題 159** 全体に占める各要素の割合の呼び名を、次の中から選びなさい。

1 　構成比
2 　前年度比
3 　圧縮比

■ **問題 160** 表計算ソフトにおいて、毎日の売上明細をもとに、得意先ごとの商品別売上がわかる表を作成する機能として適切なものを、次の中から選びなさい。

1 　並べ替え
2 　オートフィルター
3 　ピボットテーブル

■ **問題 161** 表計算ソフトにおいて、セル内の数値を、指定した桁数で四捨五入する関数として適切なものを、次の中から選びなさい。

1 　INT関数
2 　AVERAGE関数
3 　ROUND関数

■ **問題 162** 次の情報を含んだ売上伝票を電子データとして持っている場合、実際に集計できない
ものを、次の中から選びなさい。

（売上伝票の項目 ： 売上日、得意先名、商品名、単価、数量、金額）

1 　得意先別の売上金額の集計

2 　担当者別の売上金額の集計

3 　商品別の売上金額の集計

■ **問題 163** A社の製品とB社の製品を要素ごとに比較し、全体の傾向や特徴をひと目でわかるよう
にするための最も適切なグラフを、次の中から選びなさい。

1 　レーダーチャート

2 　積み上げ棒グラフ

3 　折れ線グラフ

■ **問題 164** アンケートの結果からビジネスパーソンの外食費の平均金額を求めるために使う関数
を、次の中から選びなさい。

1 　SUM関数

2 　AVERAGE関数

3 　RANK関数

■ **問題 165** 表計算ソフトで請求書を作成し、請求金額の合計を求めるために使う関数を、次の中か
ら選びなさい。

1 　AVERAGE関数

2 　SUM関数

3 　IF関数

■ **問題 166** 表計算ソフトのセルに数値を入力すると、原則として（　　　　）で表示される。
（　　　　）に入る適切なものを、次の中から選びなさい。

1 　右揃え

2 　左揃え

3 　中央揃え

■ **問題 167** 売上全体に対する、商品別売上の割合がわかるグラフを、次の中から選びなさい。

1 　折れ線グラフ

2 　円グラフ

3 　散布図

■問題 168 表計算ソフトの集計機能のひとつである小計（《データ》タブ→《アウトライン》グループ内）において、日付と商品名と得意先名が入った売上データを得意先別に集計する場合、事前に売上データに行う処理を、次の中から選びなさい。

1　得意先別に並べ替える。

2　日付順に並べ替える。

3　商品別に並べ替える。

■問題 169 見積書において、端数を切り捨てた消費税額を求める際に使う関数を、次の中から選びなさい。

1　ROUND関数

2　ROUNDUP関数

3　ROUNDDOWN関数

■問題 170 売上目標に対する目標達成率（%）を算出する式を、次の中から選びなさい。

1　（売上金額－売上目標額）÷売上金額

2　売上目標額÷売上金額×100

3　売上金額÷売上目標額×100

■問題 171 支店別の売上の（　　　　）を表すために折れ線グラフを作成する。
（　　　　）に入る最も適切な語句を、次の中から選びなさい。

1　推移

2　平均

3　割合

■問題 172 小売店における新商品（単品）の粗利益を算出する式を、次の中から選びなさい。

1　粗利益＝売上高－固定費

2　粗利益＝売上高－売上原価

3　粗利益＝売上高－値引額

■問題 173 表計算ソフトにおいて、数値や文字が入力されたセルの右下にあるハンドルをドラッグして、データを自動入力できる機能の呼び名を、次の中から選びなさい。

1　ソート機能

2　マクロ機能

3　オートフィル機能

■問題174 販売管理ソフトの顧客マスターを汎用的なファイル形式に書き出す方法を、次の中から選びなさい。

1　インポート

2　エクスポート

3　データリンク

■問題175 通常の営業行為において最初に作成するビジネス文書を、次の中から選びなさい。

1　請求書

2　納品書

3　見積書

■問題176 商品を仕入れる際には、在庫を確認しておく必要がある。月末の在庫数を計算する方法を、次の中から選びなさい。

1　先月末在庫＋（今月仕入数量−今月流通数量）

2　先月末在庫＋（今月仕入数量−今月生産数量）

3　先月末在庫＋（今月仕入数量−今月売上数量）

■問題177 企業間の取引で、あとで代金を支払う約束で商品を購入する場合、この代金の呼び名を、次の中から選びなさい。

1　売掛金

2　買掛金

3　回収金

■問題178 企業の一定期間の収益と費用の状況を示し、企業の経営成績を表すものを、次の中から選びなさい。

1　貸借対照表

2　損益計算書

3　キャッシュフロー計算書

■問題179 表計算ソフトで作成したファイルをメールに添付して送信する際、ファイルをほかの人に読み取られないように設定する方法を、次の中から選びなさい。

1　パスワードを設定する。

2　改ページを設定する。

3　読み取り専用に設定する。

■ **問題 180** 企業のすべての取引を勘定科目ごとにまとめ、残高が把握できるようにした帳簿の呼び名を、次の中から選びなさい。

1　損益計算書
2　貸借対照表
3　総勘定元帳

■ **問題 181** 商品の原価など売上に比例して増減する費用の呼び名を、次の中から選びなさい。

1　変動費
2　固定費
3　減価償却費

■ **問題 182** 集計表で必要な列だけを印刷する場合、印刷しない列に対して行うべき作業として適切なものを、次の中から選びなさい。

1　列の文字の色を背景と同じ色にする。
2　列を削除する。
3　列を非表示にする。

■ **問題 183** INT関数とROUNDDOWN関数に関する記述として不適切なものを、次の中から選びなさい。

1　INT関数は丸め処理を行う桁数を指定できるのに対し、ROUNDDOWN関数はできない。
2　ともに切り捨てを行って数値の丸めを行う関数である。
3　丸め処理を行う桁数の指定を、INT関数はできないがROUNDDOWN関数はできる。

■ **問題 184** 複数の項目について評価をするとき、重要視する度合いに応じて項目ごとに点数を変えて評価する方法を、次の中から選びなさい。

1　重しをのせる。
2　重みをつける。
3　重さをはかる。

■ **問題 185** ある数値が、セル範囲内の数値の中で何番目に大きいかを得たいときに使用する関数を、次の中から選びなさい。

1　MAX関数
2　LARGE関数
3　RANK関数

■問題 186 お客様からメモ書きのFAXで受けた注文の商品名をデータ入力処理する方法として適切なものを、次の中から選びなさい。

1 受信したFAXの商品コードがなかったので、商品コードをマスターに追加する。

2 受信したFAXに記述されているとおりの商品名を入力する。

3 受信したFAXに記述されている商品名を商品マスターで調べ、該当する商品コードを入力する。

■問題 187 数値を入力したら列の幅が足りずにセルに正しく表示されなかった。表示するための操作として適切なものを、次の中から選びなさい。

1 数値の先頭の数字を何文字か取り除く。

2 列の幅を広げる。

3 数値を指数表示にする。

■問題 188 パレートの法則に関する適切な説明を、次の中から選びなさい。

1 比率の計算方式を、絵の具の混ぜ合わせに例えて説明した法則。

2 全体の数値の80%は、全体を構成する20%の要素によるものである、という説。

3 全体を代表する値（平均値等）が必ず存在するという法則。

■問題 189 数式でセルの値を利用するとき、ワークシート上の特定のセル（たとえば左から3列目、上から2行目のセル）を固定して参照する方式を、次の中から選びなさい。

1 絶対参照

2 相対参照

3 複合参照

■問題 190 「毎月の売上」「売上の累計」「移動合計」の三要素を折れ線グラフで表示した。事業が成長傾向にあるかどうかを知るために使われるこのグラフの呼び名を、次の中から選びなさい。

1 Zチャート

2 Xチャート

3 Yチャート

■問題 191 使用している表計算ソフトについてサポートを受けようとした際、使っているバージョンを聞かれた場合の適切な答え方を、次の中から選びなさい。

1 パソコンのメーカー名を答える。

2 OSが違うと使い方が異なるのでOS名を答える。

3 表計算ソフトのバージョン情報を確認して答える。

■問題 **192** 表計算ソフトで使用する関数は、「=関数名（引数）」の形式をとるが、この引数を表すものとして適切なものを、次の中から選びなさい。

1 計算に使用するマクロ名
2 計算に使用するボタン名
3 計算に必要な情報

■問題 **193** 表計算ソフト（Microsoft Excel）でセル内での文字入力時に、強制的に改行したい場合の操作として適切なものを、次の中から選びなさい。

1 [Alt]+[Enter]
2 [Ctrl]+[Enter]
3 [Ctrl]+[C]

■問題 **194** 会社の利益は、売上総利益、営業利益、経常利益、税引前当期純利益、当期純利益に分類することができるが、日常的に使われている粗利益に該当するものを、次の中から選びなさい。

1 経常利益
2 売上総利益
3 当期純利益

■問題 **195** 切り捨てや切り上げ、四捨五入などの端数処理をして、おおよその数を表す処理の呼び名を、次の中から選びなさい。

1 決算
2 概算
3 演算

■問題 **196** 毎日の売上などを次々に加算していって合計を求める処理のことを、次の中から選びなさい。

1 累計
2 概算
3 換算

■問題 **197** ある商品の全体売上に対する売上構成比（%）を求める数式を、次の中から選びなさい。

1 売上合計金額÷当該商品の売上金額×100
2 （当該商品の売上金額−売上合計金額）÷売上合計金額×100
3 当該商品の売上金額÷売上合計金額×100

■問題 198　当社では顧客情報をデータベースソフトにより管理している。データベースに蓄積されるデータの1件1件の呼び名を、次の中から選びなさい。

1　セル

2　フィールド

3　レコード

■問題 199　表計算ソフトにデータを取り込む際のデータ形式で最も適切なものを、次の中から選びなさい。

1　PDF形式のデータ

2　CSV形式のデータ

3　HTML形式のデータ

■問題 200　IF関数で、セルA1の点数が70点以上なら○、70点未満なら×と条件判断するときの数式で適切なものを、次の中から選びなさい。

1　=IF（A1>=70,○,×）

2　=IF（A1>=70,"○","×"）

3　=IF（A1<70,"○","×"）

3級

プレゼン資料作成分野 問題

プレゼン資料作成分野の問題(50問)を記載しています。

3級 プレゼン資料作成分野 問題

■ 問題 **201** プレゼンを実施したあとの「アフターフォロー」の意味として適切なものを、次の中から選びなさい。

1 再度、より詳細な内容のプレゼンを実施することをいう。

2 プレゼン実施後の質疑応答をいう。

3 プレゼン実施後に、聞き手の理解度を確認したり、そのあとの行動を促したりするための対応をいう。

■ 問題 **202** 時間に対する連続的な変化や傾向を表すのに適しているグラフを、次の中から選びなさい。

1 円グラフ

2 折れ線グラフ

3 100%積み上げ棒グラフ

■ 問題 **203** 色の三属性のひとつの「色相」に関する記述として適切なものを、次の中から選びなさい。

1 色の明るさの度合いのことである。

2 「濃い青」「薄い赤」などと呼ばれる色みの強弱の度合いのことである。

3 「青み」「赤み」などと呼ばれる色みの性質のことである。

■ 問題 **204** 紫色に関する記述として適切なものを、次の中から選びなさい。

1 寒色系に属する。

2 暖色系、寒色系のいずれにも属さない中性色である。

3 暖色系に属する。

■ 問題 **205** 2つの図形に色を付けるとき、補色関係にある色の使い方として効果的なものを、次の中から選びなさい。

1 2つの図形が対立関係にあるときに使用する。

2 2つの図形が包含関係にあるときに使用する。

3 2つの図形が上位と下位の関係にあるときに使用する。

問題 206 スライドなどに色を付ける場合、色相が近い色を組み合わせて使ったときに生じるイメージとして適切なものを、次の中から選びなさい。

1　調和を感じる。

2　暖かいイメージになる。

3　冷静なイメージになる。

問題 207 スライドを見やすくするポイントとして適切なものを、次の中から選びなさい。

1　スライドの内容に関わらず目立つ色づかいにする。

2　文字や図形の基準位置や大きさをそろえる。

3　1枚のスライドにできる限り情報を入れる。

問題 208 プレゼンの実施における「アイコンタクト」の意味として適切なものを、次の中から選びなさい。

1　プレゼンの途中で、ごく短時間の沈黙を入れ聞き手の注意を引き付けることである。

2　常に、聞き手の中の一人にだけ顔を向けて話すことである。

3　聞き手に視線を送りながら話すことである。

問題 209 製品の製造における「資源の循環」を図解したものとして適切なものを、次の中から選びなさい。

問題 210 プレゼンの実施における声の出し方に関して適切なものを、次の中から選びなさい。

1　重要なところでは少し強めにするなど、抑揚を付けながら話すのがよい。

2　早口で説明すると、説明内容に対して熟知しているという印象を聞き手に与えるので好ましい。

3　機器を操作しながら話すときは、操作を間違えないように操作に集中しながら話すのがよい。

■**問題 211** 色は（　①　）と呼ばれる色みのあるものと、（　②　）と呼ばれる色みのないものに分けることができる。
（　　　）に入る適切なものを、次の中から選びなさい。

1　①興奮色　　②沈静色

2　①純色　　　②補色

3　①有彩色　　②無彩色

■**問題 212** 色のトーンに関する記述として不適切なものを、次の中から選びなさい。

1　色相を変えるとトーンも変わる。

2　明度を変えるとトーンも変わる。

3　彩度を変えるとトーンも変わる。

■**問題 213** 下図の矢印が示す意味として最も適切なものを、次の中から選びなさい。

1　バランス

2　やりとり

3　対立

■**問題 214** 暖色系の色に関する記述として適切なものを、次の中から選びなさい。

1　「冷静沈着」「冷たい」などのイメージを与える。

2　「暖かい」「活発」などのイメージを与える。

3　「調和」「洗練」などのイメージを与える。

■**問題 215** プレゼンソフト（Microsoft PowerPoint）に備わっている機能の活用に関する記述として適切なものを、次の中から選びなさい。

1　アウトライン機能は、一般にプレゼン全体の構成を検討するときに使われる。

2　ノート機能は、一般に配布資料を作るときに使われる。

3　プレゼンソフトは、動画ファイルを扱うことができない。

■**問題 216** 「目的別プレゼン」に関する記述として適切なものを、次の中から選びなさい。

1　「楽しませるためのプレゼン」では、その場の雰囲気や目的を考慮する必要はない。

2　「説得するためのプレゼン」では、事前に聞き手について情報収集を行うなどの準備が重要である。

3　「情報を提供するためのプレゼン」では、知っている情報はすべて相手に伝える必要がある。

■問題217 「プレゼンの企画」に関する記述として適切なものを、次の中から選びなさい。

1 このステップで、プレゼンのストーリー展開を考える。

2 このステップで、プレゼンの主題や目的を明確にする。

3 プレゼン資料の作成は、このステップの大事な作業のひとつである。

■問題218 「プレゼンの設計」に関する記述として不適切なものを、次の中から選びなさい。

1 このステップで、聞き手についての分析を行う。

2 このステップで、プレゼン全体の時間配分について検討する。

3 このステップで、説明項目と説明の順序について検討する。

■問題219 「プレゼンの構成」における「まとめ」の中で話す内容について不適切なものを、次の中から選びなさい。

1 重要なポイントを繰り返し確認する。

2 結論を明確に伝える。

3 取り上げた主題の背景を説明する。

■問題220 この図形が示す意味を、次の中から選びなさい。

1 手順

2 集合関係

3 マトリックス

■問題221 プレゼンソフト（Microsoft PowerPoint）における「スライドショー」に関する記述として適切なものを、次の中から選びなさい。

1 時間配分や資料が正しいかどうかを確認する機能

2 スライドの投影順序が正しくなるように変更する機能

3 スライドを画面全体に表示し、順次切り替えていく機能

■問題 **222** プレゼンソフト（Microsoft PowerPoint）において、新しいスライドを追加して箇条書きと図を左右に分けて入力するとき、スライドのレイアウトとして適切なものを、次の中から選びなさい。

1

2

3

■問題 **223** 図解に関する記述として不適切なものを、次の中から選びなさい。

　　1　プレゼンの訴求力を高める効果がある。

　　2　図解では概要を伝えることができても重要なポイントは伝えられない。

　　3　図解を使う目的を明確にしておくことが重要である。

■問題 **224** プレゼンに使われる図解と箇条書きに関する記述として適切なものを、次の中から選びなさい。

　　1　最初に全体像を示したいときは、箇条書きよりも図解を使うのがよい。

　　2　複雑な関係や流れを整理して示したいときは、図解よりも箇条書きにするのがよい。

　　3　少ないスペースで多くの情報を伝えたいときは、図解よりも箇条書きにするのがよい。

■問題 **225** この図形が示す意味を、次の中から選びなさい。

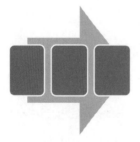

　　1　階層構造

　　2　手順

　　3　循環

■問題 **226** 「プレゼンの構成」における「本論」の役割として適切なものを、次の中から選びなさい。

　　1　結論を明確に示し、聞き手の行動を促す。

　　2　主題の重要性を知らせる。

　　3　根拠を示しながら論理的に説明して、プレゼンの内容を納得してもらう。

■ **問題 227** 社外向けプレゼンの目的として不適切なものを、次の中から選びなさい。

1 説得するため。
2 プレゼン能力をアピールするため。
3 情報を提供するため。

■ **問題 228** 説得するためのプレゼンとして不適切なものを、次の中から選びなさい。

1 発表者が一方的にプレゼンをする。
2 相手が何に困っているかを理解してプレゼンをする。
3 広く情報を収集し、背景や相手を知りプレゼンをする。

■ **問題 229** 「プレゼンの構成」における「序論」の役割として適切なものを、次の中から選びなさい。

1 主題の重要性を知らせる。
2 提起した問題に対する論証や証明を行う。
3 調査結果や実施結果を説明する。

■ **問題 230** 「プレゼンの設計」で行う作業として適切なものを、次の中から選びなさい。

1 情報の収集・整理
2 主題や目的、ゴールなどの明確化
3 訴求ポイントの明確化

■ **問題 231** プレゼンの聞き手の分析について述べた文として適切なものを、次の中から選びなさい。

1 聞き手の属性として、居住地や出身地を確認しておく。
2 聞き手の前提条件として、価値観や判断基準を確認しておく。
3 聞き手の性別や年齢はプライバシーに関わるため分析項目には含めない。

■ **問題 232** プレゼンの「序論」「本論」「まとめ」について述べた文として適切なものを、次の中から選びなさい。

1 「序論」「本論」「まとめ」の中で最も時間をかけて丁寧に説明する必要があるのは、「序論」である。
2 「序論」「本論」「まとめ」の中で最も時間をかけて丁寧に説明するのは、一般に「本論」である。
3 時間がないときは「序論」「まとめ」だけで済ませて、「本論」は省略しても問題はない。

■問題 **233** スライドの箇条書きに関する記述として適切なものを、次の中から選びなさい。

1　省略できる語句は削って、できるだけ簡潔に表現するのがよい。

2　文末は、原則として体言止めにする。

3　文末の表現は内容で決まるので、「体言止め」と「である体」が混在してもよい。

■問題 **234** スライドに使われる図解の特長に関する記述として適切なものを、次の中から選びなさい。

1　図解は複雑な内容も伝えることができるので、いろいろな事柄を1つの図解にまとめると効果的である。

2　図解は見ただけで詳細がわかるので、言葉による説明は最小限でよい。

3　図解は内容が素早く伝わるので、概要やポイントをわかりやすく表現できる。

■問題 **235** 全体に占める割合を表したいときに使うグラフとして適切なものを、次の中から選びなさい。

1　折れ線グラフ

2　円グラフ

3　レーダーチャート

■問題 **236** プレゼンを実施する前に確認しておくべきこととして適切な組み合わせを、次の中から選びなさい。

1　日時・所要時間、場所、社員数、会場の設備や備品

2　日時・所要時間、場所、出席者の人数、社員規定

3　日時・所要時間、場所、出席者の人数、会場の設備や備品

■問題 **237** リハーサルとして有効な方法を、次の中から選びなさい。

1　特に重要なスライドだけを選び、何度も声に出して話しておく。

2　第三者に見てもらい、全体を通して話し方や姿勢が適切か、指摘してもらう。

3　慣れを防ぎ本番で集中するために、1回以上は行わない。

■問題 **238** プレゼンの実施中に聞き手の関心を引き付け、親近感を高める動作を、次の中から選びなさい。

1　聞き手の席をいくつかのブロックに分け、順番に身体を向けていく。

2　正しい姿勢をとってから、話し始める。

3　話しながら視線を会場全体に送り、聞き手とアイコンタクトを行う。

■ **問題 239** 図解の中で使う長方形の性質の説明として適切なものを、次の中から選びなさい。

1 単純な形で安定感がありスペースファクターもよいので、図形要素として多用される。

2 単純明快で、求心力が感じられ、優しいイメージがある。

3 単純明快で、安定感があり、力強いイメージがある。

■ **問題 240** 縦横2軸で表す図解として適切なものを、次の中から選びなさい。

1 ピラミッド

2 集合関係

3 マトリックス図

■ **問題 241** プレゼン資料の文章表現について述べたものとして適切なものを、次の中から選びなさい。

1 箇条書きの文章を使い、できるだけ簡単に表現する。

2 段落で整理し、事実を詳細に述べる。

3 「ですます体」や「である体」を使い、「体言止め」は使わない。

■ **問題 242** プレゼンにおけるブラックアウトの効果について述べた文として不適切なものを、次の中から選びなさい。

1 画面が消えるので、聞き手は発表者に注目するようになる。

2 休憩時間に、投影しない状態に簡単にすることができ、再スタートもスムーズにできる。

3 画面の切り替え時に使うと、自然な感じで次の画面に切り替わる。

■ **問題 243** プレゼンの企画内容をプレゼンプランシートにまとめる効果として適切なものを、次の中から選びなさい。

1 質疑応答用の資料が作りやすくなる。

2 複数の担当者が1つのプレゼンを担当する場合に、共通の認識を保ちやすくなる。

3 プレゼン会場の設営がしやすくなる。

■ **問題 244** プレゼンのリハーサルについて述べた文として不適切なものを、次の中から選びなさい。

1 出席者は誰なのか確認できる。

2 スムーズに説明できるかを確認できる。

3 第三者に見てもらうことで、話し方や姿勢についてチェックしてもらうことができる。

■ **問題 245** プレゼンの配布資料を印刷するときに考慮すべきこととして適切なものを、次の中から選びなさい。

1 スクリーンと照らし合わせて確認できるように、1枚に1スライドで印刷する。

2 プレゼンの内容が一覧できるように、1枚に可能な限り多くのスライドを印刷する。

3 配布資料の枚数を少なくするために、内容を考慮して1枚に2〜6スライド程度にして印刷する。

■ **問題 246** プレゼン資料の色の使い方について述べた文として適切なものを、次の中から選びなさい。

1 暖かさと冷たさの両方を兼ねそなえた色を「中間色」という。

2 彩度が高い色は重く感じられ、彩度が低い色は軽く見える。

3 寒色系の色は「沈静色」といい、落ち着いたイメージになる。

■ **問題 247** 無彩色を、次の中から選びなさい。

1 グレー

2 赤

3 緑

■ **問題 248** 客先でプレゼンをするときのフォルダー名の付け方として適切なものを、次の中から選びなさい。

1 日付

2 顧客名

3 担当者名

■ **問題 249** スライドなどに色を付けるときのグレーの使い方として不適切なものを、次の中から選びなさい。

1 全体的に暗い感じになるので、グレーは使わない方がよい。

2 矢印のように強調しなくてもよい図形にグレーを使う。

3 色数を減らしたいとき、強調する必要がない図形にグレーを使う。

■ **問題 250** 「プレゼンの企画」の中で考える5W2Hのうち、2Hは何の略であるかを示したものとして適切なものを、次の中から選びなさい。

1 How、How long

2 How、How fast

3 How、How much

よくわかるマスター

改訂版
日商PC検定試験
文書作成・データ活用・プレゼン資料作成 3級
知識科目 公式問題集

（FPT2012）

2021年 3月10日　初版発行
2024年10月22日　初版第11刷発行

©編者：日本商工会議所　IT活用能力検定研究会

発行者：山下　秀二

発行所：FOM出版（富士通エフ・オー・エム株式会社）
　　　　〒212-0014 神奈川県川崎市幸区大宮町1番地5 JR川崎タワー
　　　　　　　　　株式会社富士通ラーニングメディア内
　　　　https://www.fom.fujitsu.com/goods/

印刷／製本：株式会社広済堂ネクスト

表紙デザインシステム：株式会社アイロン・ママ

緑色の用紙の内側に、別冊「解答と解説」が添付されています。

別冊は必要に応じて取りはずせます。取りはずす場合は、この用紙を1枚めくっていただき、別冊の根元を持って、ゆっくりと引き抜いてください。

よくわかるマスター

改訂版

日商PC検定試験

文書作成・データ活用・プレゼン資料作成　3級

知識科目　公式問題集

解答と解説

3級 共通分野　解答と解説

級

共通分野

解答と解説

■問題1　**解答** **2**　ブログ

解説 グループウェアとは、電子掲示板や共有予定表などグループ全体の情報を共有するツールである。組織内のほかの人の予定や仕事の進捗状況などの把握に必要なソフトである。また、クラウドサービスの予定表などで、組織内の予定を共有することも可能になる。

ポータルは、インターネットの入り口となるWebサイトのことで、GoogleやYahoo! JAPANなどさまざまなサービスを提供する入り口ページのことである。企業内でも企業内情報の入り口としてポータルを構築している場合が多い。

■問題2　**解答** **1**　公開鍵暗号方式

解説 公開鍵暗号方式とは、対になる2つの鍵を使用して、データの暗号化や復号化を行う方式である。

共通鍵暗号方式とは、暗号化する鍵と復号化する鍵が共通の方式である。

対鍵暗号方式は、存在しない。

■問題3　**解答** **3**　アクセシビリティー

解説 アクセシビリティーは、情報やサービス、ソフトなどが、個人の能力差に関わらず万人に利用しやすいかどうかを表す。たとえば、音声読み上げ機能、文字拡大表示機能、画面配色切り替え機能、効果音機能などが挙げられる。

トレーサビリティーは、製品の流通経路で、生産から消費または廃棄の段階まで追跡でき、その履歴を参照できるシステムのことである。宅配便などのサービスで、荷物が現在どこを通過しているかをWebページ上でリアルタイムに確認できるようなシステムもトレーサビリティーといえる。

アカウンタビリティーは、個人や組織の行動について、合理的に説明する責任のことをいう。直接的な関係者である株主や従業員だけでなく、消費者や取引業者、地域住民などの間接的な関わりを持つすべての人に、活動や内容、結果などを報告する必要があるという考え方のことである。

■問題4　**解答** **1**　S人事210915

解説 ファイル名は、ビジネスでは、所属している会社のルールに従って付けるのが重要である。一般に、入力されているデータの概要が把握できるようなファイル名を付けることが求められる。ここでは、総務部を「S」、人事に関するデータのため「人事」、2021年9月15日に作成したため「210915」とし、ファイル名を「S人事210915」としている。

■ 問題 5　(解答) **2　各自の予定データを一元管理する。**

(解説) 複数の人たちの予定を共有するには、いつでも、どこからでも書き込み、閲覧できる予定表が必要である。具体的には、インターネット上のサーバーに、全員が読み書きでき、データの一元管理ができる予定表を用意することである。それぞれの人の持つ端末に予定表がバラバラに入力されていると、予定データを同期させることが必要であり、リアルタイム性がなくなる。このように、インターネット上に予定表アプリと予定データをおいておくクラウドサービスがこれから主流となってくる。

■ 問題 6　(解答) **2　USB Type-C**

(解説) USBのコネクターにはさまざまな形状があり、接続する機器などによって複数の種類がある。Type-A、Type-B、Type-Cなどがあり、特にType-Cはスマートフォンにも使用されている。

■ 問題 7　(解答) **1　ペアリング**

(解説) Bluetoothを使用して互いに通信・使用ができるように許可を得るペアリングを行わなければ、Bluetoothを使用することができない。Bluetoothの規格はIEEE 802.15.1となっている。

■ 問題 8　(解答) **1　ブラウザー**

(解説) ブラウザーは、Webページを閲覧するために必要なアプリケーションソフトである。HTMLファイルや画像ファイルなどのデータを、インターネット上からダウンロードして表示する。
URLは、「Uniform Resource Locator」の略で、インターネット上の資源（リソース）の場所を指し示すもので、インターネットにおける住所（アドレス）にあたる。インターネットだけでなく、イントラネットでも使用することができる。
ハイパーリンクは、文書や画像に埋め込まれた、ほかの文書や画像などのURL情報のことである。リンクのある場所をマウスでクリックすることで、関連付けられたリンク先に移動できるようになっている。

■ 問題 9　(解答) **3　スパイウェア**

(解説) ボットは、感染したコンピューターを外部から遠隔操作する不正なプログラムである。ランサムウェアは、感染したコンピューターのファイルを暗号化したりすることによって使用不可能としたのち、それを元に戻すことと引き換えに「身代金」を要求するプログラムである。

■ 問題 10　(解答) **3　企業・組織全体として最適な方法を考えること。**

(解説) ネットやITを活用した仕事では、社長でも新入社員でも、メールアドレスやアカウントなどを使ってさまざまな仕事が進んでいく。したがって、企業・組織全体としてのポリシーやルールづくりなど、組織全体での最適な方法を考えると同時に、業界や社会全体との整合性なども加味して運用していくことが求められている。

■ 問題 **11**　(解答) **1**　注文データは、発生時からデジタルデータになる。

(解説) 「ネット社会」における業務データは、注文の発生時からデジタルデータになり、受注、納品、請求と処理される。紙を中心とした仕事のやり方では、情報伝達が逐次伝達になる。たとえばFAXで入った注文書は、コピーをとり、関連部署や支店に再びFAXや郵便で連絡することが多かった。しかし、ネットワークを活用している企業であれば、注文データを社内グループウェアに掲載するだけで、関連部署全員がリアルタイムに情報共有することができる。

■ 問題 **12**　(解答) **1**　サーバーのレンタル費用が発生する。

(解説) ホスティングサービスとは、通信回線とサーバーを提供している会社から、サーバーの全部または一部を借りて利用できるサービスである。回線や機器を自社で用意する必要はないが、使えるディスク容量や機能が制限される可能性があるなどのデメリットもある。

■ 問題 **13**　(解答) **2**　拡張子

(解説) 拡張子は、そのファイルの種類を示す3〜4文字の文字列で、主にWindowsやMacOSなどのOSで利用される。「docx」はMicrosoft Wordのファイル、「xlsx」はMicrosoft Excelのファイルなどと、拡張子によってどのアプリケーションソフトで作られたファイルか識別できるようになっている。

URLは、「Uniform Resource Locator」の略で、インターネット上の資源 (リソース) の場所を指し示すもので、インターネットにおける住所 (アドレス) にあたる。インターネットだけでなく、イントラネットでも使用することができる。

■ 問題 **14**　(解答) **2**　セキュリティーホール

(解説) セキュリティーホールは、コンピューターのOSやソフトにおいて、プログラムの不具合や設計上のミスが原因となって発生した情報セキュリティー上の欠陥のことである。セキュリティーホールが残された状態でコンピューターを利用していると、ハッキングに利用されたり、ウイルスに感染したりする危険性がある。そのためソフトメーカーでは、セキュリティーホールが見つかると、修復のための更新プログラムを配布する。

ワームは、不正ソフトの一種で、自己増殖を繰り返し行うプログラムである。メールなどを感染経路として、ほかのコンピューターに入り増殖し、その結果ネットワーク負荷が増大するなどの被害が起こる。プログラムに寄生せず、単独で活動する点などがほかのウイルスと異なっている。

ファイアウォールは、組織内のネットワークと外部との通信を制御し、外部からの侵入を防ぐシステムのことである。インターネットなどを通じて第三者にデータやプログラムが盗まれないようにネットワークを監視し、不正なアクセスを遮断する機能がある。

■ **問題 15** （解答）**1** eラーニング

（解説）eラーニングとは、パソコンやインターネットなどを利用して学習を行うことである。教室で学習を行う場合と比べて、遠隔地でも教育を受けられる点や、動画やほかのWebページのリンクといったコンピューターならではの教材が利用できる点などが特長である。スマートフォンやタブレットなどを活用して隙間の時間でも学習できるeラーニングは、企業研修などでも用いられている。

■ **問題 16** （解答）**3** スキャナー

（解説）入力装置は、スキャナーのほかにキーボード、マウス、タッチパネルなどがある。ディスプレイおよびプリンター、スピーカーなどは、コンピューターからの出力を表示したり印刷したりするため、出力装置と呼ばれている。

■ **問題 17** （解答）**2** CD-R

（解説）CD-Rは、データの書き込みと読み取りはできるが、書き換えや消去ができないメディアである。書き換えや消去はできないが、まだ書き込んでいない部分に追加して記録することは可能なので、追記型メディアと呼ばれている。
USBメモリーは、小型、軽量で記憶容量が大きく、USB端子があれば簡単に使用できる。
SDメモリーカードはさらに小型、軽量であり、SDカードスロットがあれば簡単に使用できる。

■ **問題 18** （解答）**1** フォルダー

（解説）フォルダーは、ドライブ内で、ファイルを整理するためのものである。フォルダーには名前を付けることができ、関連する複数のファイルを1つのフォルダーに入れることができる。
レジストリーは、ドライバーやアプリケーションソフトの設定、インストール情報を記録する領域のことである。通常、プログラムが自動的に記録を行う。
ショートカットは、Windowsで深い階層に置かれているファイルのリンク情報をデスクトップなどに置いておくことで、ファイルに簡単にアクセスすることができる機能である。

■ **問題 19** （解答）**3** Ctrl

（解説）Ctrl を押しながらフォルダー内のファイルを選択していくと、複数ファイルの選択ができる。また、Ctrl を押しながらMicrosoft Excel内のセルを選択していくと、複数セルの選択ができる。
フォルダー内の連続した複数のファイルを選択するときは Shift を使う。
Alt は、ほかのキーと組み合わせてショートカットキーとして用いることが多い。

■ 問題20 （解答） **2** OS

（解説）OSは、「Operating System」の略で、コンピューターを動作させるための基本ソフトのことである。WindowsやMacOSがパソコンの代表的なOSであり、AndroidやiOSがスマートフォンやタブレットの代表的なOSである。

ドライバーは、「デバイスドライバー」の略で、周辺機器をパソコン等で動作させるためのソフトのことである。

BIOSは、「Basic Input/Output System」の略で、コンピューターに接続された周辺機器を制御するプログラムのことである。

■ 問題21 （解答） **2** アプリケーションソフト

（解説）アプリケーションソフトは、ユーザーが業務で利用するために、パソコンなどにインストールして使うことができるプログラムである。文書作成や表計算、グラフィック系やメディア系など、さまざまなアプリケーションソフトがある。スマートフォンやタブレットなどでは、略してアプリという呼び方もしている。

ドライバーは、「デバイスドライバー」の略で、周辺機器をパソコン等で動作させるためのソフトのことである。

ウィンドウズ（Windows）は、Microsoft社のOS（オペレーティングシステム）のことである。

■ 問題22 （解答） **1** ブラウザーの画面で文字をクリックすると、ハイパーリンクでほかの画面を表示することができる。

（解説）同じ文書を大量に印刷したり、一覧性のある大きい表を作成したりすることは紙でもできる。電子データでは、ハイパーリンクのようにクリックするとほかのページを表示したり、ワープロで作成した目次をクリックするとそのページに移動したりと、紙では実現できなかった多くのことができるようになる。

■ 問題23 （解答） **1** 行政運営における透明性の向上

（解説）マイナンバー制度は、行政を効率化し、国民の利便性を高め、公平・公正な社会を実現する社会基盤である。

■ 問題24 （解答） **2** 使用するパソコンのOS

（解説）グラフィックスソフトに限らず、ソフトを購入するときは、動作環境を確認する必要がある。動作環境とは、ソフトを正常に動作させるために最低限必要となるパソコンの条件のことであり、OSの種類、メモリー容量、ハードディスク容量、ディスプレイ解像度などがこれにあたる。

■ 問題25 （解答） **3** 1KB→1MB→1GB

（解説）1MB（メガバイト）＝1,024KB、1GB（ギガバイト）＝1,024MBと、約1,000倍の容量の違いがある。さらに1TB（テラバイト）＝1,024GBと、各種メディアやハードディスクなどは、年々大容量になってきている。

■ **問題 26** （解答）**1** 　Ctrl と Alt と Delete を同時に押す。

（解説）パソコンが何かの原因で動作しなくなったときの処理としては、いきなり電源を切るのではなく、Ctrl と Alt と Delete を同時に押し、タスクマネジャーを使ってアプリケーションソフトを終了させるとよい。
Alt と Esc を同時に押すと、画面上に表示されているウインドウを切り替えることができる。

■ **問題 27** （解答）**1** 　JPEG

（解説）MPEGは、動画などの圧縮方式の規格である。
MP3は、音声の圧縮方式の規格である。

■ **問題 28** （解答）**3** 　ディスプレイの解像度

（解説）コンピューターの処理速度は、CPUにどのようなものを使用しているのか、CPUの個数はいくつか、内蔵メモリーはいくつか、またどのくらいまでメモリーを増設できるか、などが関連してくる。ディスプレイの解像度は、コンピューターの処理速度とは直接関連しない。

■ **問題 29** （解答）**1** 　プレゼン機能

（解説）グループウェアが有する主な機能は、次のとおりである。
　　　・電子メール機能
　　　・電子掲示板（BBS）機能
　　　・ライブラリー機能（ドキュメント共有機能）
　　　・スケジュール管理機能　　など

■ **問題 30** （解答）**3** 　アップロード

（解説）「アップロード」（upload）とは、通信回線やネットワークを通じて、サーバーなど別のコンピューターへデータを送信することである。これに対し、サーバーなど別のコンピューターからデータを受信することを「ダウンロード」（download）という。
「アップデート」（update）とは、ソフトの小規模な更新、または更新のためのモジュールをインストールすることである。

■ **問題 31** （解答）**1** 　ドメイン名の管理

（解説）インターネット接続事業者であるプロバイダーと、ドメイン名の登録・管理を行っている組織は別である。日本に割り当てられたドメイン名の管理は、指定事業者を通じて日本レジストリサービス（JPRS）が行っている。

■ **問題 32** （解答）**3** 　ルーター

（解説）ルーターとは、ネットワーク上を流れるデータをほかのネットワークに中継する機器である。社内のLANとインターネットといった複数の異なるネットワーク間で、データのやりとりを中継することができる。
USBとは、マウスやキーボードなどの周辺機器とコンピューターを接続するためのデータ伝送路の規格のひとつである。
HUBとは、ネットワークにおいて中心に位置する集線装置のことである。

■ 問題33 （解答） **2**　10MBを超える大容量のファイルは保存できない。

（解説）USBメモリーとは、パソコンのUSBコネクターに接続して利用するフラッシュメモリーを内蔵した、持ち運び可能な補助記憶装置のことである。

その記憶容量はさまざまであるが、近年では32～256GB程度の容量が主流となっている。しかし、親指ほどの小さなサイズで、紛失やそれによる情報漏えいなどの危険があるため、取り扱いには十分な注意が必要である。

■ 問題34 （解答） **2**　Hz（ヘルツ）

（解説）CPUの性能を比較するときにみられる「動作周波数」は「クロック数」とも呼ばれ、単位はHz（ヘルツ）で表される。1GHzで、1秒間に約10億回の命令を処理することができる。この数値が大きいほどCPUの処理速度が速いことになる。

B（バイト）は、コンピューターの情報の大きさを表す単位で、メモリー容量の単位などに使われている。

W（ワット）は、電力を表す単位で、パソコンやスピーカーなどの消費電力を表すのに使われている。

■ 問題35 （解答） **2**　パソコンをネットワークから切り離す。

（解説）ウイルスに感染したと思われる場合には、ほかに影響を及ぼす可能性があるので、まずパソコンとネットワークの接続を切り離すことが第一に優先する事項である。その後、ネットワーク管理者への相談（連絡）やウイルスチェックなどの対策を講じることが大切である。

■ 問題36 （解答） **1**　項目ごとにデータの形式や桁数を決めて入力する。

（解説）大量のデータを入力する前には、それぞれの入力項目の規則を決めて入力する必要がある。たとえば、住所録や商品データなどデータベースソフトにデータを入力するときには、入力後のデータ活用を考えて、データ形式や桁数など入力項目ごとにデータ入力規則を決めてから入力する。ふりがなはひらがなかカタカナか、郵便番号は全角か半角か、ハイフンを入れるかどうか、桁数は何桁か、など各項目に関して統一してから入力を開始する。これらが統一されていないと、並べ替えや検索などのデータ活用時に不具合が生じることになる。

■ 問題37 （解答） **2**　日本国内に住所がなく、外国に居住している日本国籍を有する国民

（解説）住民票コードが住民票に記載されている日本国籍を有する者および住民基本台帳法30条の45の表の上欄に掲げる外国人にはマイナンバーが付番されるが、国外居住者など日本国内に住民票がない日本国籍を有する国民には付番されない。

■ 問題 **38** （解答） **2** データを簡単にコピーして配布することができる。

（解説） たとえば、インターネット上に一元管理の商品マスターをおき、全国の支店からその商品マスターを参照して見積書や納品書を作成する場合と、各支店別にそれぞれ同じ商品マスターをおいた複数管理で伝票を作成する場合を考える。新しい商品が1つ追加になった場合、ネット上のデータベースの場合は1つ商品をマスターに追加すればよいが、これに対して各支店に同じ商品マスターがある場合は、支店ごとにマスターを同期させて更新する必要がある。また、インターネットの普及にともない、マスターやアプリケーションソフトまでをネット上におく「クラウドサービス」が利用され始めている。

■ 問題 **39** （解答） **3** データの入力はキーボードからのみ可能になる。

（解説） 紙に書かれた情報の伝達は、コピーして郵便で送付したり、FAXで送信したりする方法であり、配布先が多くなればなるほどコストと時間がかかる。一方、デジタルデータの場合には、メールの同報通信や電子掲示板などにおくことで、関係各部署に低コストで知らせることができる。それと同時に、受け取った部署では、必要に応じてそのデータをそのまま再加工、再利用できるメリットもある。

■ 問題 **40** （解答） **1**

（解説） デジタルカメラの記録メディアとしては、SDカード（選択肢2の写真）やマイクロSDカード（選択肢3の写真）、SDHCカードなどがあるが、そのほかにコンパクトフラッシュメモリーやメモリースティックなどもある。記録サイズもMBからGBサイズまでさまざまな容量があるが、カメラにより読み書きできるメディアの最大容量が決まっているので注意が必要である。
USBメモリー（選択肢1の写真）は、一般にデジタルカメラの記録メディアとして使用されていない。

■ 問題 **41** （解答） **3** ウイルス対策ソフト

（解説） ウイルス対策ソフトは、パソコン等のセキュリティーソフトである。
組織やグループ内での情報共有ツールとしては、電子掲示板や共有予定表などグループウェアと呼ばれるソフトが主として利用されている。

■問題42　解答　**1　機密性**

解説　機密性とは、認められた人だけが情報にアクセスできること。
完全性とは、情報が改ざんや破壊されておらず、正確であること。
可用性とは、必要なときに使用可能な状態が継続されていること。

■問題43　解答　**2　新しい情報は電子メールなどで知らせてくれる。**

解説　「Push型」では、情報が積極的に利用者へ通知される。「Push型」には、配信すべき情報そのものを通知する方法と、配信すべき情報を含めず閲覧場所を通知する方法がある。たとえば、ネット販売で注文が入った際に関係者に電子メールで自動的に知らせる仕組みはPush型であるが、1日に数多くの注文が入る場合には、むしろ頻度が多過ぎてPush型では情報が役立たない場合もある。
「Pull型」では、そのような通知がないので、情報の更新があったかは利用者が自主的に確認しなければならない。たとえば、グループ全体の予定管理などでは、追加の予定が入力されるごとに知らせが来るよりも、必要に応じてグループ予定表を見に行った方が効率的である。
情報の重要性や更新頻度などに応じて、Push型とPull型のどちらの方法がよいかを考えて選択する必要がある。

■問題44　解答　**2　ほかのホームページに掲載されている文章や写真などを、無断で自分のホームページに掲載している。**

解説　他人のホームページ上の著作物をコピーして自分のホームページなどに掲載することは、著作権侵害となる。ただし、自身のホームページからリンクでそのホームページに飛ばすことは、作者のページを見せていることなので、著作権侵害とはならない。また、自身で撮影した芸能人の顔写真なども自身が撮影者なので著作権侵害とはならないが、肖像権など別の侵害になる可能性があるので、無断掲載する場合には注意する必要がある。

■問題45　解答　**2　ASP**

解説　ASPは、「Application Service Provider」の略で、アプリケーションサービスを提供する事業者のことをいう。ユーザー側のパソコンにアプリケーションソフトをインストールしたり設定したりする必要がないため、その分の費用や手間を節減することが可能である。また、インターネットにアクセスできる環境とブラウザーがあれば、どのデバイスからでも利用できる。
IDCは、「Internet Data Center」の略で、顧客のサーバーを預かり、インターネットの接続回線や保守・運用サービスなどを提供する施設のことをいう。耐震性に優れ、自家発電の設備や空調設備を備えており、高速な通信回線を建物内に引き込んでいる。IDカードによる入退室管理やカメラによる24時間監視など、高度なセキュリティーも備えている。
ERPは、「Enterprise Resource Planning」の略で、企業内の経営資源を企業全体で統合的に管理し、経営の効率化を図るための手法や概念、またはそれを実現するシステムを指す。

■ **問題 46** （解答） **1** 　見積書→納品書→請求書

（解説）お客様との営業活動の中で、具体的な商談になってくると「それはいくらでできるのか」という見積書が要求される。「その金額で注文」ということになると、商品と一緒に納品書が発行される。商品を受領したり、検収が完了したりすると、請求書を発行する流れとなる。

■ **問題 47** （解答） **2** 　一人一人の知識とスキル

（解説）デジタルデータ中心の仕事の流れになると、ビジネスの途中経過が担当者同士のメールなどになり、そのメールや担当者から直接聞かないと進捗などがつかめなくなる。したがって、担当者一人一人が、ネットやITの知識とスキルを持ち、積極的にメールやグループウェアでほかの人と情報を共有することを心掛ける必要がある。

■ **問題 48** （解答） **3** 　PDFファイル

（解説）PDFは、「Portable Document Format」の略で、紙に印刷するのと同じ状態のページを保存するファイル形式の名称である。相手のコンピューターの環境に左右されず、作成したデータをほぼ同じレイアウトで表示・印刷できるのが特長である。ワープロファイルやプレゼンファイルは、作成したソフトと閲覧するソフトが異なることにより、同じレイアウトにならないケースがある。

■ **問題 49** （解答） **1** 　営売上2021

（解説）フォルダーはさまざまなファイルを整理するために必要なものであり、ビジネスでは、所属している会社のルールに従ってフォルダー名を作成し、整理する。一般に、入っているデータの概要が把握できるようなフォルダー名を付けることが求められる。ここでは、営業部の2021年度の売上データを整理するため、営業部の「営」、売上データの「売上」、2021年の「2021」を使用して、「営売上2021」としている。

■ **問題 50** （解答） **1** 　上書きされてしまう可能性があるので、別名で保管するようにする。

（解説）同じフォルダー内では、同一のファイル名は上書きされてしまうので、別のファイル名で保存する必要がある。同じ目的の文書で途中保存等であれば、「○○01.docx」「○○02.docx」などと数字の連番をふり、完成時に正式名称にして保存するのもよい。最近では、同じファイル名で保存すると警告が出たり、ダウンロードしたりすると「○○（1）」「○○（2）」などと自動的に別名保存するようになってきたが、すべてがそうではないことから注意が必要である。

■ **問題 51** （解答） **3** 　ファイル名は自由に付けてよい。

（解説）社内でファイル名やフォルダー名を付ける場合、付け方のルールなどを社内で統一しておくと、ほかの人が再利用したり検索したりするときでも、ネットワーク上から探しやすくなる。提案書や見積書などは再利用するケースが多いため、社内ルールを作るとデジタルデータの再利用が進むことになる。

共通分野

文書作成分野

データ活用分野

プレゼン資料作成分野

解答記入シート

■ 問題 **52** 　(解答) **2**　アクセス権限

(解説) 社内ネットワークやインターネットにおいて、ファイルやシステム等を利用する権限をアクセス権限と呼ぶ。閲覧のみの権限や読み書きできる権限など、フォルダーやファイル単位で管理者がユーザーに対してアクセス権限を付与することができる。

■ 問題 **53** 　(解答) **3**　IPアドレス

(解説) IPアドレスには、グローバルIPアドレスとプライベートIPアドレスの2種類がある。プライベートIPアドレスは、ローカルIPアドレスとも呼ばれる。インターネット上にある、サーバーやルーターなどさまざまな機器には、グローバルIPアドレスが割り当てられ重複しないようになっている。

ルーターにグローバルIPアドレスが1つ割り当てられ、そこに繋がっているパソコンが数台あると、それらのパソコンはルーターからプライベートIPアドレスが振られることになる。ルーターがプライベートIPアドレスを振り分ける機能をDHCPサーバー機能と呼ぶ。

HUBとは、ネットワークにおいて中心に位置する集線装置のことである。

■ 問題 **54** 　(解答) **1**　圧縮

(解説) ファイルサイズを小さくする処理のことを「圧縮」という。逆に、圧縮されたデータを元のデータに復元する処理のことを「解凍」または「展開」という。

■ 問題 **55** 　(解答) **2**　フォルダーの中に別のフォルダーを含むことはできない。

(解説) フォルダーとは、ファイルを分類・整理するための機能である。識別のために固有の名称を付けることができ、関連する複数のファイルをまとめて1つのフォルダーに入れておくことができる。フォルダーの中に、さらにいくつかのフォルダーを整理しておくことも可能である。

■ 問題 **56** 　(解答) **1**　アクセスログ

(解説) アクセスログとは、ネットワーク上のサーバーやホームページへのアクセスに関する履歴を記録したものである。アクセスの日時や接続元のIPアドレス、ブラウザーの種類や閲覧したWebページのURLなどの履歴が記録される。ホームページのどのページにアクセスが多いかなど、グラフなどで可視化して解析し、ホームページの改善やマーケティングに利用する。

検索エンジンとは、探したい情報に関するキーワードで検索すると、その情報が載っているWebページを探すことができるサービスのことである。

グループウェアとは、予定表、電子掲示板、共有フォルダーなど、企業や団体内のネットワークを活用した情報共有のための仕組みである。

■ 問題 **57** 　(解答) **3**　一度発信すると取り消すことができなくなる。

(解説) インターネットを通じて個人でも自由に文章の投稿や動画の投稿などができるようになっている。しかし、匿名だからとか、仲間内しか見ないページだから、などと思って投稿すると、ほかの人が見つけてさまざまなところに情報が拡散していく危険性がある。一度ネットに発信した情報は、拡散して取り返しがつかなくなることがあるので、十分注意して発信することが大切である。

解答 **3** RPA

解説 RPAは、「Robotic Process Automation」の略で、デスクワークでのパソコンを使用した業務の自動化・省力化を行うものであり、業務のコストダウンを進めることができる。

IoTは、「Internet of Things」の略で、インターネットとモノが接続しあって情報交換や制御することができる仕組みである。

SaaSは、「Software as a Service」の略で、インターネット上でソフトウェアを利用できるサービスのことである。

■ **問題 59**

解答 **3** 商品仕様一覧.xlsx

解説 「○○.xlsx」は表計算ソフト（Microsoft Excel）で作成したファイル、「○○.pptx」はプレゼンソフト（Microsoft PowerPoint）で作成したファイル、「○○.docx」は文書作成ソフト（Microsoft Word）で作成したファイルである。

■ **問題 60**

解答 **2** 画面の配色は目立つように原色を使う。

解説 アクセシビリティーは、情報やサービス、ソフトなどが、個人の能力差に関わらず万人に利用しやすいかどうかを表す。たとえば、音声読み上げ機能、文字拡大表示機能、画面配色切り替え機能、効果音機能などが挙げられる。

■ **問題 61**

解答 **1** 得意先のメールアドレスをBCCに入力する。

解説 BCCは、BCCで受信する人のメールアドレスやメールが送信されている事実をTOやCCで受信する人達に知られたくない場合に使用する。多くの得意先にまとめて送信するときは、得意先のアドレスが表示されないBCCで送信するのがよい。

■ **問題 62**

解答 **2** 出所のわからないソフトをインストールする。

解説 インターネット上でのウイルス感染経路としては、ホームページ内の悪質なスクリプトやWebアプリケーションソフトを実行してしまったり、ウイルスが仕込まれているソフトをインストールしてしまったり、などが挙げられる。また、メールに添付されたウイルス付きのファイルを実行したり、ファイル共有ソフトでダウンロードしたファイルにウイルスが感染していたりと、ウイルスに感染する危険はさまざまな場所にある。見覚えのないソフトやファイルをすぐにインストールすることは、大変危険な行為である。

■ **問題 63**

解答 **2** ダウンロード

解説 「ダウンロード」（download）とは、通信回線やネットワークを通じて、サーバーなど別のコンピューターからデータを受信することである。これに対し、サーバーなど別のコンピューターへデータを送信することを「アップロード」（upload）という。

「アップデート」（update）とは、ソフトの小規模な更新、または更新のためのモジュールをインストールすることである。

■問題 64　（解答）**2　ドライバー**

（解説）ドライバーは、「デバイスドライバー」の略で、周辺機器をパソコン等で動作させるためのソフトのことである。OSだけですべての周辺機器を制御することは難しいため、OSが周辺機器を制御するための橋渡し役としてドライバーを使用する。

ランチャーとは、あらかじめ登録しておいたプログラムやファイルをアイコンで一覧表示し、クリックによって簡単に起動できるようにするアプリケーションソフトのことである。

ブラウザーは、Webページを閲覧するために必要なアプリケーションソフトである。HTMLファイルや画像ファイルなどのデータをインターネット上からダウンロードして表示する。

■問題 65　（解答）**1　メールサービスの提供**

（解説）プロバイダーとは、インターネット接続サービスを提供している企業のことをいう。プロバイダーが一般に提供しているサービスとしては、メールサービスの提供、Webページ公開スペースの提供、独自ドメイン取得手続きの代行、ポータルサイトの運営などが挙げられる。

■問題 66　（解答）**1　HTTP**

（解説）HTTPは、「HyperText Transfer Protocol」の略で、インターネット上でWebサーバーとブラウザーがHTMLデータを送受信する際に使われるプロトコルのことである。

WWWは、「World Wide Web」の略で、インターネット上の情報を相互に参照することができるサービスのことをいう。

URLは、「Uniform Resource Locator」の略で、インターネット上の資源（リソース）の場所を指し示すもので、インターネットにおける住所（アドレス）にあたる。インターネットだけでなく、イントラネットでも使用することができる。

■問題 67　（解答）**1　ファイアウォール**

（解説）ファイアウォールは、組織内のネットワークと外部との通信を制御し、外部からの侵入を防ぐシステムのことである。インターネットなどを通じて第三者にデータやプログラムが盗まれないようにネットワークを監視し、不正なアクセスを遮断する機能がある。

セキュリティーホールは、コンピューターのOSやソフトにおいて、プログラムの不具合や設計上のミスが原因となって発生した情報セキュリティー上の欠陥のことである。セキュリティーホールが残された状態でコンピューターを利用していると、ハッキングに利用されたり、ウイルスに感染したりする危険性がある。

ワームは、不正ソフトの一種で、自己増殖を繰り返し行うプログラムである。メールなどを感染経路として、ほかのコンピューターに入り増殖し、その結果ネットワーク負荷が増大するなどの被害が起こる。プログラムに寄生せず、単独で活動する点などがほかのウイルスと異なっている。

■ 問題 68　（解答）**1**　B（バイト）

（解説）B（バイト）は、コンピューターの情報の大きさを表す単位で、メモリー容量の単位などに使われている。

Hz（ヘルツ）は、周波数や振動数を表す単位で、CPUなどのクロック周波数を表すのに使われている。

W（ワット）は、電力を表す単位で、パソコンやスピーカーなどの消費電力を表すのに使われている。

■ 問題 69　（解答）**1**　USB

（解説）USBとは、マウスやキーボードなどの周辺機器とコンピューターを接続するためのデータ伝送路の規格のひとつである。

HUBとは、ネットワークにおいて中心に位置する集線装置である。

ルーターとは、ネットワーク上を流れるデータをほかのネットワークに中継する機器である。社内のLANとインターネットといった複数の異なるネットワーク間で、データのやりとりを中継することができる。

■ 問題 70　（解答）**2**　トレーサビリティー

（解説）トレーサビリティーは、製品の流通経路で、生産から消費または廃棄の段階まで追跡でき、その履歴を参照できるシステムのことである。宅配便などのサービスで、荷物が現在どこを通過しているかをWebページ上でリアルタイムに確認できるようなシステムもトレーサビリティーといえる。

アクセシビリティーは、情報やサービス、ソフトなどが、個人の能力差に関わらず万人に利用しやすいかどうかを表す。たとえば、音声読み上げ機能、文字拡大表示機能、画面配色切り替え機能、効果音機能などが挙げられる。

アカウンタビリティーは、個人や組織の行動について、合理的に説明する責任のことをいう。直接的な関係者である株主や従業員だけでなく、消費者や取引業者、地域住民などの間接的な関わりを持つすべての人に、活動や内容、結果などを報告する必要があるという考え方のことである。

■ 問題 71　（解答）**1**　ディスプレイ

（解説）出力装置は、パソコンのデータを表示したり出力したりする装置のことで、ディスプレイやプリンター、スピーカーなどがこれにあたる。

入力装置は、パソコンにプログラムやデータを入力する装置のことで、キーボードやマウス、スキャナーなどがこれにあたる。

■ 問題 72　（解答）**3**　ショートカット

（解説）ショートカットは、Windowsで深い階層に置かれているファイルのリンク情報をデスクトップなどに置いておくことで、ファイルに簡単にアクセスすることができる機能である。

フォルダーは、ドライブ内で、ファイルを整理するためのものである。フォルダーには名前を付けることができ、関連する複数のファイルを1つのフォルダーに入れることができる。

レジストリーは、ドライバーやアプリケーションソフトの設定、インストール情報を記録する領域のことである。通常、プログラムが自動的に記録を行う。

■問題73　解答 1　展示会の案内.docx

解説 「○○.docx」は文書作成ソフト（Microsoft Word）で作成したファイル、「○○.xlsx」は表計算ソフト（Microsoft Excel）で作成したファイル、「○○.pptx」はプレゼンソフト（Microsoft PowerPoint）で作成したファイルである。

■問題74　解答 3　Generation

解説 高速移動体通信の5Gとは、第5世代移動通信システム（5th Generation Mobile Communication System）の略称であり、Gは世代を意味するGenerationである。高速で大量のデータを送受信できることが特徴である。

■問題75　解答 1　低コスト、短時間で多くの人に情報発信することが可能である。

解説 インターネットのメリットのひとつとして、情報発信が容易になるということが挙げられる。また、短時間でコストも低く、大勢に一気に発信することができる。発信するための方法としては、電子メールやホームページあるいはブログやSNSなど、さまざまなものがある。

■問題76　解答 3　検索エンジン

解説 必要な情報を探すためには、検索エンジンというサービスを利用する。探したい情報に関するキーワードで検索すると、その情報が載っているWebページを探すことができる。

アクセスログとは、ネットワーク上のサーバーやホームページへのアクセスに関する履歴を記録したものである。

グループウェアとは、予定表、電子掲示板、共有フォルダーなど、企業や団体内のネットワークを活用した情報共有のための仕組みである。

■問題77　解答 1　ファイルへの参照として機能する。

解説 ショートカットは、Windowsで深い階層に置かれているファイルのリンク情報をデスクトップなどに置いておくことで、ファイルに簡単にアクセスすることができる機能である。見かけ上、ショートカットアイコンの置いてある場所に、実際のアプリケーションなどの本体があるように扱われる。

■問題78　解答 3　スキャナー

解説 e-文書法は電子文書法ともいい、2005年4月に施行された。それまでは、電子データでも認めるものと、紙媒体での保存でなければならないものが混在していたが、e-文書法は一括して電子保存を認めるものである。これにより、初めから電子文書として作成されたものだけでなく、紙媒体の書類をスキャナーで読み込んだイメージファイルも一定の技術要件を満たせば原本とみなすことができるようになった。

■問題79　解答 1　解凍

解説 「圧縮」は、ファイルサイズを小さくする処理のことをいう。逆に、圧縮されたデータを元のデータに復元する処理のことを「解凍」または「展開」という。

■ 問題 **80**　解答　**2**　URL

解説　URLは、「Uniform Resource Locator」の略で、インターネット上の資源（リソース）の場所を指し示すもので、インターネットにおける住所（アドレス）にあたる。インターネットだけでなく、イントラネットでも使用することができる。
ハイパーリンクは、文書や画像に埋め込まれた、ほかの文書や画像などのURL情報のことである。リンクのある場所をマウスでクリックすることで、関連付けられたリンク先に移動できるようになっている。
ブラウザーは、Webページを閲覧するために必要なアプリケーションソフトである。HTMLファイルや画像ファイルなどのデータを、インターネット上からダウンロードして表示する。

■ 問題 **81**　解答　**2**　法令遵守（コンプライアンス）

解説　ネットを活用した情報発信やホームページ構築などにあたっては、「リアル社会」と同様、「ネット社会」での各種法令を遵守する必要がある。法令を理解したうえで情報発信していくことは大変重要なことであり、法令を守らないと企業の信用を失墜させるだけでなく、企業姿勢を疑われることになる。また、一度ネット上に発信した情報は取り消しても拡散する恐れがあるため、十分な注意が必要である。電子商取引を実施するネットショップなどでは、各種法令を十分に調査しておくことが必要である。

■ 問題 **82**　解答　**2**　ワントゥーワンマーケティング

解説　ネットショップに訪れる消費者の購買履歴などから、どのような嗜好があるか、よく読まれる書籍はどんなものかなど、一人一人に合った商品やサービスを推薦するのがワントゥーワンマーケティングと呼ばれる手法である。特に近年、消費者がスマートフォンやタブレットを活用し、交通機関の移動、購買履歴、SNS活用などさまざまなビッグデータを生み出しているため、それらを解析してのマーケティングは、ますます重要になってきた。
ステルスマーケティングとは、消費者に宣伝とは気づかれないように行う宣伝行為である。
パーミッションマーケティングとは、顧客や消費者にあらかじめ許可を得て行うマーケティング行為で、レスポンス率が高く企業と顧客との長期的な友好関係を作る有効な手段である。

■ 問題 **83**　解答　**1**　双方向性を備える。

解説　アナログテレビやラジオ、新聞などのメディアからの情報は、それを受信するのみであったが、現在ではFacebookやTwitterに代表されるようなソーシャルメディアを利用して、スマートフォンやタブレット等で誰でも自らの情報を発信する力を駆使できるようになってきた。ネットとITの活用により、双方向の通信と放送の両方を兼ね備えるメディアとなってきた。

■ 問題 84　(解答)　**3**　VoIP

(解説)　VoIPは、「Voice over Internet Protocol」の略で、インターネットやイントラネットなどのTCP/IPネットワークを使って音声データを送受信する技術である。

VPNは、「Virtual Private Network」の略で、公衆回線を経由して構築された仮想的な組織内ネットワークのことである。

EDIは、「Electronic Data Interchange」の略で、企業や行政機関などがインターネットやネットワークを通じて伝票や文書をデジタルデータで交換することである。

■ 問題 85　(解答)　**3**　**通知カードは身分証明書として使用することができる。**

(解説)　個人番号カードは運転免許証のように身分証明書として使用できるが、通知カードには写真がなく、身分証明書として使用することは想定されていない。

■ 問題 86　(解答)　**2**　**プログラム言語**

(解説)　プログラム言語は、コンピューターに命令を出すための言語であることから著作権法では保護されない。そのプログラム言語で作成されたプログラムについては著作権法によって保護される。

■ 問題 87　(解答)　**3**　XMLデータ

(解説)　従来は、取引データは固定長データやCSVデータなど事前に取引先と個別に打ち合わせて決定していたが、流通BMS EDIプラットフォームで使用されているデータ交換は、XMLデータを基本とし、標準的な取引項目やタグ名などが規定されているため、取引先により個別の打合せやプログラム変更をすることがない仕様になっている。そのため、取引先が増えても、個別の対応をすることがなくなった。

■ 問題 88　(解答)　**3**　**プログラムファイル**

(解説)　コンピューターを動かす基本ソフトはOSと呼ばれ、その上で動くプログラムはアプリケーションソフトと呼ばれるプログラムファイルである。表計算ソフトや財務会計ソフトがプログラムファイルであり、そのソフトから作られた集計ファイルや会計ファイルが、音声ファイルや画像ファイルと同様にデータファイルと呼ばれるファイルとなる。

■ 問題 89　(解答)　**1**　**業務用と私用のメールアドレスは1つにする。**

(解説)　電子メールは、今ではなくてはならないサービスであるが、業務で利用するメールアドレスとプライベートで利用するメールアドレスは、別々のメールアドレスとして使い分けることが重要である。さらに、携帯メールアドレスなど複数のメールアドレスを使い分けることがセキュリティー上でも大切になる。

■ 問題 **90**　(解答) **3**　CMS

(解説)　CMSは、「Content Management System」の略で、HTMLなどの専門知識がない初心者でも、簡単にホームページが制作できるように作られたアプリケーションソフトのことである。

SNSは、「Social Networking Service」の略で、人と人とのつながりを促進・サポートするWebサービスのことである。代表的な例としてFacebookやTwitterなどがある。

CSSは、「Cascading Style Sheets」の略で、スタイルシートのことであり、Webページの見栄えに関する書式を記述するための言語である。

■ 問題 **91**　(解答) **2**　イメージスキャナーを使用して新聞紙面の一部をパソコンに取り込む。

(解説)　紙などに記されているアナログのデータをデジタルにするための方法として、スキャナーや写真撮影などがある。そのほか、アナログのデータをデジタルにするための方法として、音声入力や手書き入力などさまざまな方法が進化してきている。さらに、スマートフォンやタブレットなど一人一台どこへでも持ち歩き、さまざまなアナログデータがデジタルデータへと変換され蓄積される時代となってきた。

■ 問題 **92**　(解答) **2**　同じ情報を扱っている複数のWebページや書籍、新聞など別のメディアで調べてから判断する。

(解説)　インターネット上の情報はすべて正しいとは限らない。情報の信ぴょう性を判断するには、複数のメディアを調べて内容を比較した方がよい。また、情報の発生源がひとつでも、さまざまなところに拡散していくので、重要な情報と思われるときには、情報発生源が確かかどうかなどの確認作業が必要である。

■ 問題 **93**　(解答) **1**　個人情報の流出

(解説)　個人の氏名、性別、住所、生年月日などの個人情報のほかに、診療履歴や所得額、預金高などのプライベート情報などの取り扱いは、個人情報保護法等に則り十分に注意する必要がある。また、個人情報取扱事業者であれば、これらの取り扱いの法令を十分理解しておく必要がある。

■ 問題 **94**　(解答) **3**　ハードディスクに保存してあるファイルのコピーが、外部メモリーに保存される。

(解説)　ハードディスクに保存しているファイルを、USBメモリーやSDメモリーなどの外部記憶装置にドラッグアンドドロップした場合、ハードディスクに保存しているファイルのコピーが外部メモリーに保存される。パソコン本体内の同一ドライブ間でドラッグアンドドロップした結果と異なる（移動ではなくコピーとなる）ことを理解しておく必要がある。

■ 問題 95 （解答） **2** USBメモリーに保存されているファイルはごみ箱フォルダーに入らないで削除されるので、元に戻すことはできない。

（解説） ネットワーク上や外部メモリーに保存されているファイルは、ごみ箱フォルダーを経由しないで削除されるので、元に戻すことはできない。そのため、データの削除には、注意が必要である。

■ 問題 96 （解答） **2** SNS

（解説） SNSは、「Social Networking Service」の略で、人と人とのつながりを促進・サポートするWebサービスのことである。代表的な例としてFacebookやTwitterなどがある。

SSLは、「Secure Sockets Layer」の略で、インターネット上で情報を暗号化して送受信するプロトコルのことある。データを暗号化し、プライバシーに関わる情報やクレジットカード番号、企業秘密などを安全に送受信することができる。

SEOは、「Search Engine Optimization」の略で、検索エンジン最適化の意味である。サーチエンジンの検索結果ページの表示順の上位に自らのWebページが表示されるように工夫すること、また、そのための技術やサービスのことである。

■ 問題 97 （解答） **3** X（実名）小学校の運動会の父兄参加のリレーで、張り切り過ぎてA（実名）ちゃんのお父さんが転んだのがビリになった原因だよね。

（解説） 誹謗の意味は「他人をけなすこと」、中傷の意味は「根拠もなく悪口を言うこと」である。誹謗中傷とは、根拠のない悪口で他人の名誉を汚し、貶めることで、嫌がらせの一種とされる。

選択肢1は、他人ではなく身内のことであり、事実を言っているので、誹謗中傷にはあたらない。選択肢2は、特にけなしたり、悪口を言ったりしているわけではなく事実を言っているので、誹謗中傷にはあたらない。選択肢3は、特定の人（Aちゃんのお父さん）の実名を出して憶測で物事を決めつけ、責任を追及しているので、誹謗中傷にあたる。

■ 問題 98 （解答） **2** 送信ドメイン認証

（解説） 現在の個人認証の手段として次の3つが挙げられる。

　　・パスワードを設定する。（記憶によるもの）
　　・電子証明書の入ったICカードを利用する。（所有物によるもの）
　　・生体認証の登録をする。（本人の特徴によるもの）

送信ドメイン認証とは、メールが正規のメールサーバーから送信されたものかを確認するための認証方法である。これはスパムメールの抑制のために受信側のメールサーバーが行う処理であり、送信者のメールアドレスに含まれるドメイン名を使って送信元のメールサーバーが正規であるかを判断するので送信ドメイン認証と呼ばれる。

■ **問題99** （解答）**3** IDC

（解説）IDCは、「Internet Data Center」の略で、顧客のサーバーを預かり、インターネットの接続回線や保守・運用サービスなどを提供する施設のことをいう。耐震性に優れ、自家発電の設備や空調設備を備えており、高速な通信回線を建物内に引き込んでいる。IDカードによる入退室管理やカメラによる24時間監視など、高度なセキュリティーも備えている。

ERPは、「Enterprise Resource Planning」の略で、企業内の経営資源を企業全体で統合的に管理し、経営の効率化を図るための手法や概念、またはそれを実現するシステムを指す。

ASPは、「Application Service Provider」の略で、アプリケーションサービスを提供する事業者のことをいう。ユーザー側のパソコンにアプリケーションソフトをインストールしたり設定したりする必要がないため、その分の費用や手間を節減することが可能である。また、インターネットにアクセスできる環境とブラウザーがあれば、どのデバイスからでも利用できる。

■ **問題100** （解答）**2** BtoB

（解説）BtoBは、企業（Business）と企業の間の取引のことをいう。企業間の受発注システムなどがこれにあたる。

BtoCは、企業と一般消費者（Consumer）の取引のことをいう。インターネット上で消費者向けに商品を販売するオンラインショップなどがこれにあたる。

BtoGは、企業と政府・自治体（Government）の取引のことをいう。電子入札などがこれにあたる。

■ 問題101 （解答） **2** 「総務部長　山田一郎様」のように敬称「様」を付けなければならない。

（解説） 社外文書の宛名は、「会社名」「役職名」「氏名」「敬称」を記入する。会社名や部門名は略さずに正式なものを記入する。たとえば、会社名の株式会社を（株）のように省略してはならない。敬称は、氏名には「様」、会社名には「御中」、複数の相手には「各位」などがあり、相手先に応じて使い分ける。

■ 問題102 （解答） **1**　①**テーマ**　②**目的**

（解説） 図解には、「座標軸を使った図解」「マトリックス型図解」「フローチャート」「組織図」「プロセス図」「スケジュール管理図」などのパターンがあり、それぞれの用途に応じて使い分ける必要がある。あらかじめ何を使うか決まっている場合は別として、パターンがわからない場合は、次の①〜④の手順で作成するとよい。
　　①テーマと目的を明確にする。
　　②キーワードを抜き出す。
　　③パターンを決めて図解する。
　　④全体の形を整える。

■ 問題103 （解答） **2**　**新聞に載っている記事を読む。**

（解説） 動詞として用いる場合は「漢字」、補助動詞として用いる場合は「ひらがな」にするのが基本的な書き方である。「記事を読む」の「読む」は動詞なので漢字で書くのが正しい。「載っている」の「いる」は補助動詞なので、ひらがなにする。

■ 問題104 （解答） **3**　**定価1,000円の商品を買い、千円札で支払った。**

（解説） 算用数字は原則として、数量や順序、日時などを表すときなどに使用する。場合によっては、「万・億・兆」を組み合わせて用いる。
　　例：5月5日　／　2,850円　／　1万3,000人　／　16時20分
漢数字は主に、固有名詞や慣用的な言葉に数字が入っている場合に用いる。
　　例：日本一　／　一夜漬け　／　千円札　／　四国　／　九州

■ 問題105 （解答） **3**　**一人っ子が増加している。**

（解説） 固有名詞や慣用的な言葉、熟語には漢数字を使用する。「一人っ子」は固有名詞なので漢字を使用するが、「10人中1人合格」のような場合は算用数字を使用する。「1進1退」「1度に解決」は熟語なので「一進一退」「一度に解決」となる。

■ 問題106 （解答） **1**　**「寒冷の候」は12月に使う表現であるから。**

（解説） 社外文書では、前文（挨拶）は必要である。「寒冷の候」は12月に使う時候の挨拶である。1月の時候の挨拶には、「厳寒の候」「大寒の候」「新春の候」などがある。時候の挨拶は、1月〜12月の月々で表現が変わる。

■ 問題 107 （解答） **2　貴社におかれましては、ますますご隆盛のこととお喜び申し上げます。**

（解説）　前文には、「時候の挨拶」「祝福の挨拶」「感謝の挨拶」がある。「時候の挨拶」は、月によって変化する季節感のある挨拶であり、「祝福の挨拶」は、相手が会社の場合は発展を祝福し、相手が個人の場合は健康を祝福する挨拶である。また、「感謝の挨拶」は、日ごろの取引やお付き合いに対する誠意を示す挨拶である。この設問の「祝福の挨拶」は、「貴社」に対してなので、会社に対する祝福を示す「隆盛」や「発展」などが正しい表記となる。

■ 問題 108 （解答） **3　整った形式で相手に敬意を表した表現にする。**

（解説）　社外文書は、社外とのやりとりをする文書である。個人名で発信したとしても、会社を代表して書いている文書であることを意識しなければならない。会社の評価にも影響を及ぼす大切な文書なので、正しい言葉づかい、敬語の使い方などに注意し、整った形式で相手に敬意を表すように書くことが必要である。特に礼状などの社交的な文書は、儀礼的な要素が含まれ、書式もあらたまった重厚な内容となるので、書式を覚えておくと役に立つ。

■ 問題 109 （解答） **1　スケジュール管理図**

（解説）　図解には、「座標軸を使った図解」「マトリックス型図解」「フローチャート」「組織図」「プロセス図」「スケジュール管理図」などのパターンがある。

時間軸を横軸にとり、作業と担当者ごとの必要時間を示した図解は「スケジュール管理図」である。次のように図解する。

項目	担当	4月第1週	4月第2週	4月第3週	4月第4週
調査項目検討	鈴木	■			
調査票作成	山崎		■		
アンケート実施	内田			■	
アンケート分析	原田				■

■ 問題 110 （解答） **2　ご指摘いただきたく存じます。**

（解説）　「指摘」をするのは相手なので、相手の動作に敬意を表するため「ご指摘」とし、さらに「指摘をしてもらう」の意味なので、「してもらう」は敬語表現の「いただく」とする。加えて、「思う」の敬語表現である「存じます」を使用することで全体的に統一のとれた敬語になる。

■ 問題 111 （解答） **1　41億3,850万円**

（解説）　金額には算用数字を使うのが適切であるが、本文中では万以上の金額には「万・億・兆」などを組み合わせてわかりやすい表記にする。

■ **問題112** （解答）**2** 個々の要素の全体の中での位置づけや傾向を明確に示すことができる。

（解説）図解は、図自体がどんなパターンで、どういう場合にその図解を使うと効果的か
を理解していることが重要である。

マトリックス型図解は、縦軸・横軸を2分割（3分割）して4つ（9つ）のマス目（象
限）を作り、そのマス目にキーワードなどを配置したもので、個々の要素の全体の
中での位置づけや傾向を明確に示すことができる。現状認識や今後の対策の検
討などに役立ち、企業でもよく使われる図解である。次のように図解する。

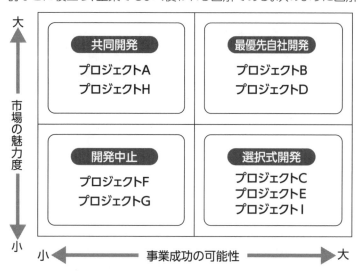

■ **問題113** （解答）**2** 新製品の浄水器「ピュアNPC」は、多くのお客様からお選びいただき、累計
500万個を販売しているシリーズです。この製品は、浄水性能が優れてお
り、洗浄しやすく清潔に使える構造を持っています。さらに、シンプルなデ
ザインが好評です。

（解説）挿入句が長いと、主語と述語の関係や係り受けの関係がわかりにくくなる。簡潔
な文にするには、挿入句を切り離し、全体にかかっている部分や重要部分を先
に述べるとよい。

■ **問題114** （解答）**3** 電子メディア

（解説）文書のライフサイクルの「保管・保存」で必要な知識・技術は、次のとおりである。
　①アクセス制限：ファイルへのアクセス（見る許可）を限定するもので、たとえば
　　IDとパスワードを持っている人だけしかファイルを見られないようにすること
　　などの知識やそれを利用できる技術。
　②電子メディア：ファイルを保管・保存する媒体に関する知識や技術。
　③検索エンジン：保管・保存してある文書から必要なものを検索する知識や技術。
　④バックアップの方法：コンピューターに保存されたデータやプログラムを、破
　　損やコンピューターウイルス感染などの事態に備え、別の記憶媒体に保存す
　　る知識や技術。
「データ消去ソフト」は廃棄のプロセスで、「文字コード、フォント」は作成のプロセ
スで必要な知識・技術である。

■ 問題 **115** （解答） **1** 必ず参加してください。

（解説） 副詞の係り受けには慣用ルールがあるのでそれに従う。副詞「必ず〜」は肯定文で受けることがルールであり、「必ず〜してください」となる。否定文の副詞には、「決して〜しないでください」や「とうてい〜できません」「全く〜できません」などがある。推量の副詞には、「たぶん〜でしょう」などがある。

■ 問題 **116** （解答） **3** 構成比率を示したいときに使う。

（解説） 時間に対する連続的な変化や傾向を表すときは「折れ線グラフ」「棒グラフ」、各項目の値を比較するときは「棒グラフ」、構成比率を示すときは「円グラフ」「100％積み上げ面グラフ」「100％積み上げ棒グラフ」、全体に対する比較をするときは「100％積み上げ面グラフ」「100％積み上げ棒グラフ」、相関関係を示すときは「散布図」など、グラフには、目的に合わせていろいろな種類がある。
全体に含まれる各項目がそれぞれどのくらいの比率、シェアを占めているのかといった構成比率を表す場合は、円グラフがふさわしい。

■ 問題 **117** （解答） **1** 時系列で分類する。

（解説） フォルダーの分類には、①テーマによる分類、②固有名詞による分類、③時系列による分類、④文書の種類による分類などがある。
　①の例：「人事部−新人募集」「人事部−新人採用」
　②の例：「商品名」「顧客名」「地区名」
　③の例：「年度」「月」
　④の例：「企画書」「報告書」「提案書」
したがって、発信日を基準としたフォルダーは「時系列による分類」である。

■ 問題 **118** （解答） **3** 段落間を1行空ける。

（解説） 紙媒体の文書では、段落の最初の1字下げが一般的であり、行間に空白行を入れることはあまりない。電子メールでは1字下げはかえって読みにくくなる。段落を明確に区別するには、視覚的にはっきり識別でき、読みやすく理解しやすいことが大切であり、そのためには段落間を1行空けることが効果的である。

■ 問題 **119** （解答） **2** 彼は課長と部長に報告しました。

（解説） 解答の文は、次の2通りの意味にとれる。
　「彼は、課長と部長に報告しました。」（彼は、課長と部長の2人に報告しました。）
　「彼は課長と、部長に報告しました。」（彼は課長と一緒に、部長に報告しました。）
このように、読点を入れることで意味が全く異なったものになってしまうことがある。文を書くときは注意し、見直しが必要である。

■ 問題 **120** （解答） **3** 段落

（解説） 内容のまとまりごとに区切った単位を「段落」という。段落は1つまたは複数の文で構成される。

■ **問題 121** （解答） **1　この提案書が説得力を持っているのは、根拠が明確に示されている。**

（解説）正しい日本語は、文の主題を示す「主語」と主語を説明する「述語」の対応関係が適切であり、副詞の係り受けが正しいことが必須である。

主語と述語の係り受けを正しく表現するには、「この提案書が説得力を持っているのは、根拠が明確に示されているためである。」と書き換える。

■ **問題 122** （解答） **3　冠省－敬具**

（解説）頭語と結語は「対」で使われ、文書の「始め」と「終わり」を知らせる役割を持っている。

よく使われる頭語と結語の正しい組み合わせは次のとおりである。

一般的な文書	：拝啓－敬具
特に丁寧な表現が必要な文書	：謹啓－敬白
返書	：拝復－敬具
簡略化した一般的な文書	：前略－草々
「前略－草々」の丁寧な表現	：冠省－草々

■ **問題 123** （解答） **2　文→文節→単語**

（解説）文は、句点（。）によって区切られた一続きの言葉の単位である。

文節は、文の意味がわかる範囲で小さく区切ったものであり、基本的には主語・述語・修飾語・接続語・独立語からなる。

単語は、日本語の意味として成り立つように最も小さく区切ったものである。

■ **問題 124** （解答） **1　今後ともよろしくお引き立てのほどお願い申し上げます。**

（解説）末文とは、主文が終わったことを示し、今後の取引に対する依頼などを述べる文のことである。次のような文例がある。

・今後ともよろしくお引き立てのほどお願い申し上げます。

・ご挨拶かたがたお礼申し上げます。

・末筆ながら、ますますのご発展をお祈り申し上げます。

■ **問題 125** （解答） **2　「作成」→「伝達」→「保管」→「保存」→「廃棄」**

（解説）文書のライフサイクルと各プロセスの役割は、次のとおりである。

①作成：個人が紙媒体または電子データの文書を作成する。

②伝達：作成した文書は、いろいろな方法で必要な人や部門、外部の会社などに伝達される。

③保管：文書データは個人のPCまたは部門や会社のサーバーやクラウドに格納され、管理・保管して活用される。

④保存：保管している文書でほとんど使わないが廃棄はできないデータを電子メディアに記録し、保存する。

⑤廃棄：活用されなくなった文書は、一定期間保存したあと、廃棄する。

■ **問題 126** （解答） **2**　一般の社会生活において、漢字使用の目安となるものである。

（解説）　常用漢字とは、内閣告示で制定された「一般の社会生活において、現代の国語を書き表すための漢字使用の目安」となるものである。2010年に「情報化時代に対応する漢字の在り方を検討することが必要」として見直しがされ、追加・削除を行い2,136文字からなる改定常用漢字表が制定された。常用漢字は、目安であって、常用漢字以外を使ってはいけないというものではない。実際には稟議書の「稟」、罫線の「罫」、梱包の「梱」などは常用漢字には含まれていないが、漢字の方がわかりやすいものはビジネスでもよく使われている。

■ **問題 127** （解答） **1**　見積書、注文書

（解説）　社外文書に分類されるものは、見積書、注文書である。社外文書とは、社外に向けて提出する取引や業務に関する文書である。会社を代表しているとみなされ、相手への敬意を表した、整った形式が求められる。

見積書は、注文の前に提出する、数量や単価、金額、作業期間や納期、取引条件などの概算をあらかじめ提示する文書である。

注文書は、取引を開始する前に取り交わし、契約書の一種とみなされる。

■ **問題 128** （解答） **2**　3つ

（解説）　この「冷房運転の場合」を箇条書きにすると、次の3項目になる。
　　　・外気温度が24℃以上の場合
　　　・外気温度が20℃以上でかつ外気湿度が65％以上の場合
　　　・室温が28℃を超えた場合

■ **問題 129** （解答） **3**　＊

（解説）　欄外で説明するときの記述符号には、＊（アスタリスク）を使うのが一般的である。記述符号は、慣用に従って使用することが望ましい。□や◎は特定の意味はなく、見出しや箇条書きの行頭文字として使われることが多い。

■ **問題 130** （解答） **3**　研修実績報告書（2021年度前期）

（解説）　適切な件名は、「研修実績報告書（2021年度前期）」である。電子メールで送信する場合の件名は、簡潔かつ具体的で、わかりやすいことが求められる。報告書であることに加え、何の報告書なのか、いつのものなのかを含めれば具体的でわかりやすくなる。

■ **問題 131** （解答） **1**　簡単な前文、末文を入れる。

（解説）　社外向け電子メールでは、相手に失礼のないよう、言葉づかいや挨拶文などの気配りが必要である。そのため、いきなり本文を書くのではなく、簡単な前文、末文を入れるのが一般的である。

■ 問題 **132** （解答） **2**　廃棄できない文書データを、ハードディスクやDVDなどほかのメディアに移しておくことをいう。

（解説）ビジネス文書は、作成してから廃棄するまで一連のサイクルをたどる。その中の、「文書データの保存」は、ほとんど使われなくなった文書データや廃棄できない文書データを、ハードディスクやDVDなどほかのメディアに移し記録しておくことをいう。このように記録しておけば、必要なときに利用できる。なお、電子データで保存すると紙のように劣化することもなく、保管するときのスペースコストが削減できるメリットがある。

■ 問題 **133** （解答） **2**　次回の開催日

（解説）議事録には、会議名、議題、日時・場所、出席者・記録者、議事、決定事項・未決事項は必ず記載する。しかし、次回の開催日は、会議が開催されない場合もあるので必要に応じて記載する。

■ 問題 **134** （解答） **1**　先生が到着されます。

（解説）「到着されます」は、尊敬の意味を表す助動詞「れる」「られる」が付いたものである。
「出発いたします」は「出発されます」、「申し上げます」は「おっしゃいます」となる。

■ 問題 **135** （解答） **3**　セットして置く。

（解説）「セットして置く」の「置く」は、「セットする（動詞）」に付いた補助動詞なので漢字は使わない。「セットしておく」とひらがなで表記する。

■ 問題 **136** （解答） **2**　「30人を超えたとき」と「31人以上のとき」

（解説）「31人以上のとき」は31人を含みそれより多い人数を表すので、「30人を超えたとき」と同じ意味になる。なお、人は整数なので30人を超えれば31人となる。

■ 問題 **137** （解答） **1**　フローチャート

（解説）フローチャートは、長方形やひし形などの図形と矢印を使って、作業の手順や業務の流れなどを表す図解のひとつである。フローチャートで使用する部品（長方形やひし形など）はJISで規格化されており、使用の観点や組織、業務によっていくつかのモデルがある。

■ 問題 **138** （解答） **3**　関係各位殿

（解説）「各位」は複数の相手を対象とするときに使う敬称である。各位殿や各位様のように、「殿」や「様」を付けると誤りになる。各位の代わりに「ご一同様」のような書き方をすることもある。「ご一同」の場合は「様」を付ける。

■ 問題 **139** （解答） **3**　複数の項目や構成要素を一文にまとめたもの。

（解説）箇条書きは、1つの主題でまとめられた複数の項目（文や単語）で構成されている。複数の項目が一文にまとめられている場合は、箇条書きとはならない。

■ 問題 **140** （解答） **1** 相関関係を示したいときに使う。

（解説） 各項目の値を比較したいときは棒グラフを使う。棒グラフは、棒の高さで値の大きさがわかる。構成比率を示したいときは、100％積み上げ棒グラフ、あるいは円グラフ、100％積み上げ面グラフを使う。相関関係を示したいときは、散布図を使う。

■ 問題 **141** （解答） **2** 貴社ますますご健勝のこととお喜び申し上げます。

（解説） 「ご健勝」とは、相手が健康で元気なこと、またはそのさまを表し、個人向けには使えるが、企業向けには使えない。企業向けには「ご発展」や「ご繁栄」を使う。前文の定形語句なので覚えておくとよい。

■ 問題 **142** （解答） **2** ご引見＝意見をください。

（解説） ご引見とは、「会ってください」という意味である。「何とぞ、よろしくご引見くださいますようお願い申し上げます。」のような使い方をする。

■ 問題 **143** （解答） **1** 起承転結

（解説） ビジネス文書では、「概論→各論」または「概論→各論→まとめ」の構成が基本である。「起承転結」は、「転」で予想を超えた大きな展開をすることがビジネスでは向かないため、使われることはまれである。

■ 問題 **144** （解答） **3** 社内向け電子メールは効率優先とするが、社外向け電子メールでは失礼にならないような配慮が求められる。

（解説） 社内向け電子メールは、効率優先が求められる。社外向け電子メールでは、効率と同時に失礼にならないような配慮が求められる。したがって、社内向け電子メールと社外向け電子メールの文章表現は異なってくる。急いでいるときであっても、社外向け電子メールであれば挨拶は必要になる。

■ 問題 **145** （解答） **2** いつもお世話になっております。

（解説） 社外向け電子メールの前文は、簡潔に「いつもお世話になっております。」程度のものとする。手紙文のような前文は不要である。「前略」も手紙文固有の書き方なので電子メールには使わない。

■ 問題 **146** （解答） **2** 行頭記号に「■」を使った体言止めの箇条書き

（解説） 箇条書きは、ポイントとなる文や単語を整理して書き並べたものである。したがって、行頭記号に何を使っても、体言止めにしても、図解にはならない。フローチャートや組織図は、図解に含まれる。

■ 問題 **147** （解答） **1** 目盛りの基点は、必ずしも「0」でなくてもよい。

（解説） 折れ線グラフの目盛りの基点は、必ずしも「0」でなくてもよい。折れ線グラフは、時間に対する連続的な変化や傾向を表すものである。
各項目の値の比較には棒グラフが向いており、相関関係を示すのには散布図が向いている。

■ 問題 **148**　（解答）　**3**　A5→B5→A4→B4

（解説）用紙サイズは、数字が1つ増えると半分の大きさになる。また、A判とB判では、A判の方が小さい。したがって、小さいサイズ順で並べると「A5→B5→A4→B4」となる。

用紙サイズは次のとおり。

A5：148×210mm
B5：182×257mm
A4：210×297mm
B4：257×364mm

■ 問題 **149**　（解答）　**3**　句点

（解説）「。」は句点である。「、」は読点で、合わせて句読点と呼ばれる。濁点は「゛」のことである。

■ 問題 **150**　（解答）　**2**　ファイルサイズによる分類

（解説）フォルダーは、ファイルを整理する箱のようなものであり、ファイルをすぐに探し出せるように分類する。「ファイルサイズ」で分類しても、ファイルの内容がわからないので不適切である。

■ 問題 151　(解答)　**3**　①大小　②推移

(解説)　グラフには、「棒グラフ」「円グラフ」「折れ線グラフ」「レーダーチャート」などがあり、2つ以上の数値をビジュアル化(視覚化)することにより全体像を把握することができる。データの大小や時間の推移、データの構成比等により、適切なグラフを作成することが必要である。

■ 問題 152　(解答)　**2**　降順

(解説)　「ソート」とは、分類またはある基準に従い並べ替えることをいう。数値のソートでは、「昇順」とは小さいものから大きいものに並べ替えること、「降順」とは大きいものから小さいものに並べ替えることである。数値だけでなく、文字列も並べ替えることができる。

　　　昇順の例：　0→9　／　A→Z　／　あ→ん
　　　降順の例：　9→0　／　Z→A　／　ん→あ

■ 問題 153　(解答)　**1**　読み取り専用に設定する。

(解説)　ひな形や様式のことを指して「テンプレート」と呼ぶ。表計算ソフトでは、月次や年次のデータを入力することが多いため、テンプレートが上書きされてしまうと原本が書き換えられてしまう。そのため、ファイルに「読み取り専用」の設定をしておくと、テンプレートの書き換えを防ぐことができる。

■ 問題 154　(解答)　**2**　75%

(解説)　「目標達成率」とは、売上目標額に対する売上金額の割合のことで、次の計算式で求められる。
　　　目標達成率(%)＝売上金額÷売上目標額×100
計算式に値を代入すると、900万円÷1,200万円×100＝75になるため、目標達成率は75%となる。
目標値に達している場合は100%以上となり、目標値に達していない場合は100%未満になる。

■ 問題 155　(解答)　**2**　クロス集計

(解説)　小計(《データ》タブ→《アウトライン》グループ内)において操作できる集計機能には、合計だけではなく、平均、個数、標準偏差などがある。クロス集計とは、2つ以上(例：年齢と性別)の項目についてデータの集計を行う集計方法で、ピボットテーブルにおいてできる操作である。

■ 問題 156　(解答)　**2**　F4

(解説)　F4を使用することで、繰り返しの操作を簡単に実行することができる。ただし、繰り返しができない場合もある。
F2は、セル内に入力されている文字などを編集するときに押すと、カーソルが表示され編集ができる状態になる。
Altは、ほかのキーと組み合わせてショートカットキーとして用いることが多い。

■ 問題 157 （解答） **1** IF関数

（解説）ここでは、100%を超える場合と超えない場合の条件が設定されている。また、再計算可能な設定ともなっている。このような場合は、IF関数を使用するのが一般的である。なお、IF関数は、条件が2つ以上の場合も設定することができる。たとえば、100%以上なら10%増、90%以上ならば7%増、70%以上なら5%増とすることもできる。

■ 問題 158 （解答） **2** 棒グラフ

（解説）棒グラフは、棒の長さで値の大きさを比較する。
円グラフは、1つの項目について各系列の全体に対する割合を比較する。
レーダーチャートは、中心点からの比較で項目間のバランスを表す。

■ 問題 159 （解答） **1** 構成比

（解説）「構成比（%）」は、全体に占める各要素の割合の呼び名である。具体的な例として、A支店が3億円、B支店が5億円、C支店が2億円の売上で、会社全体の売上が10億円だった場合、各支店の売上構成比はA支店が30%（3億÷10億×100）、B支店が50%（5億÷10億×100）、C支店が20%（2億÷10億×100）となる。
「前年度比（%）」とは、前年度実績に対する今年度実績の割合のことである。計算式は、今年度実績÷前年度実績×100となる。今年度実績が前年度実績を上回っていれば100%以上になる。

■ 問題 160 （解答） **3** ピボットテーブル

（解説）「ピボットテーブル」は、大量のデータを迅速に集計するための機能である。必要な項目（フィールド）だけを集計したり、集計したい項目を複数選択して多角的に集計・分析したりできる。集計したい項目を行ラベル、列ラベルなどにドラッグするという操作方法で集計される。また、グループ化という機能を使用することにより、毎日の売上データを、週ごと、月ごと、四半期ごとなどにも集計することができる。
「オートフィルター」は、必要な項目を抽出するときに使用する。

■ 問題 161 （解答） **3** ROUND関数

（解説）ROUND関数は、指定した桁数で四捨五入するときに使用する。
INT関数は、小数点以下を切り捨て、整数にするときに使用する。ただし、負の数値の場合は注意が必要である。
　　INT関数の例：　123.45→123　／　−123.45→−124
AVERAGE関数は、平均値を求めるときに使用する。

■ 問題 162 （解答） **2** 担当者別の売上金額の集計

（解説）売上伝票には担当者名に関する項目が含まれていないため、担当者別の売上金額の集計はできない。

■ 問題 163 （解答） **1** レーダーチャート

（解説） レーダーチャートは、中心点からの比較で項目間のバランスを表す。
積み上げ棒グラフは、項目ごとに系列を積み上げて表示することにより、合計とその内訳を1本の棒にまとめて表すことができ、項目全体の数値と各項目の数値をひと目で比較することができる。
折れ線グラフは、データの推移を表す。

■ 問題 164 （解答） **2** AVERAGE関数

（解説） AVERAGE関数は、平均値を求めるときに使用する。
SUM関数は、合計を求めるときに使用する。
RANK関数は、数値の大きい順や小さい順で順位を決定するときに使用する。

■ 問題 165 （解答） **2** SUM関数

（解説） SUM関数は、合計を求めるときに使用する。
AVERAGE関数は、平均値を求めるときに使用する。
IF関数は、条件分岐するときに使用する。

■ 問題 166 （解答） **1** 右揃え

（解説） 既定では、セルに数値を入力すると「右揃え」、文字列を入力すると「左揃え」で表示される。

■ 問題 167 （解答） **2** 円グラフ

（解説） 円グラフは、1つの項目について各系列の全体に対する割合を比較する。
折れ線グラフは、データの推移を表す。
散布図は、2つの項目間の相関関係を表す。

■ 問題 168 （解答） **1** 得意先別に並べ替える。

（解説） 表計算ソフトのMicrosoft Excelの小計を使用した集計方法としては、事前に対象とする項目の並べ替えを行ってから集計機能を使用する。
ここでは得意先別に集計するので、まずは得意先別に並べ替えを行うことが必要になる。

■ 問題 169 （解答） **3** ROUNDDOWN関数

（解説） ROUNDDOWN関数は切り捨て、ROUNDUP関数は切り上げ、ROUND関数は四捨五入である。整数表示の切り捨ての場合、INT関数を使用することもある。

■ 問題 170 （解答） **3** 売上金額÷売上目標額×100

（解説） 「目標達成率」とは、売上目標額に対する売上金額の割合のことで、次の計算式で求められる。
　目標達成率（%）＝売上金額÷売上目標額×100

共通分野

文書作成分野

データ活用分野

プレゼン資料作成分野

解答記入シート

■ 問題 171 （解答） **1** 　推移

（解説） 折れ線グラフは、データの推移を表すときに使用する。

■ 問題 172 （解答） **2** 　粗利益=売上高−売上原価

（解説） 粗利益とは、商品の売上高から売上原価を差し引いた額のことであり、計算式は次のとおりである。
　　粗利益=売上高−売上原価

■ 問題 173 （解答） **3** 　オートフィル機能

（解説） 連続する数値データを入力するときや、同じ文字列を入力するときにオートフィル機能を使用すると、素早く入力することができる。

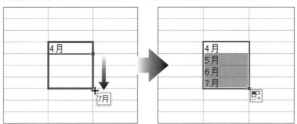

■ 問題 174 （解答） **2** 　エクスポート

（解説） エクスポートとは、あるソフトで作成したデータを別のソフトでも表示できるようなファイル形式で書き出す方法である。インポートとは、それらのファイルを読み込む方法である。
データリンクとは、ソフト間でデータを連携して利用すること、またはデータの転送が可能な状態のことである。

■ 問題 175 （解答） **3** 　見積書

（解説） 通常の営業行為は、「見積」→「受注」→「製造指示・出荷指示」→「出荷・納品」→「請求」の順序で進める。そのため、最初に作成するビジネス文書は見積書となる。

■ 問題 176 （解答） **3** 　先月末在庫+（今月仕入数量−今月売上数量）

（解説） ある時点の在庫を計算する場合には、まず計算スタート時点の在庫に、ある期間の仕入数量を加える。さらに当該期間に販売や出荷した数量を引くと帳簿在庫が計算される。しかし、紛失や破損などもあり、実際に数量を目で確認して数える実地棚卸の数量と、帳簿棚卸の数量では、しばしば差異が生じる。

■ 問題 177 （解答） **2** 　買掛金

（解説） 買掛金は、商品を仕入れるなどのサービスの提供を受けたが、その時点では代金を支払っていないものをいう。逆に、商品の販売などのサービスを提供したが、まだ代金が支払われていないものは売掛金という。どちらも、将来の現金の支払いや受け取りを約束したもので、企業間の信用取引の一種である。

■ 問題 178 （解答） **2 損益計算書**

（解説） 損益計算書は、P/Lと略され、企業の一定期間の収益と費用の状態を示し、その期間の純利益を算出した計算書のことである。これにより、企業の経営成績を表すことができる。

貸借対照表は、バランスシートともいい、B/Sと略される。大きく資産と負債、資本に分かれており、企業の財務状況の把握ができる。複式簿記の形で損益計算書と同時に作られる。

キャッシュフロー計算書は、C/Sと略され、会計期間における資金の流入、流出を示したものである。営業活動、投資活動、財務活動の3つの活動に区分して表示する。

■ 問題 179 （解答） **1 パスワードを設定する。**

（解説） 重要なファイルを添付する場合は、パスワードを設定して送信することが有効である。他者による無断開封を防いだり、メールを誤送信した場合のリスクを低くしたりするなどのセキュリティー対策を狙いとしている。その際、そのメールにパスワードを記述して送信してしまうと意味がないので、パスワードはほかの方法で知らせる必要がある。別途パスワードを記述したメールを送る、FAXで送る、または口頭で知らせるなどの方法を用いる。

■ 問題 180 （解答） **3 総勘定元帳**

（解説） 総勘定元帳は、勘定科目ごとに企業のすべての取引をまとめた帳簿のことである。総勘定元帳には、仕訳帳からすべての取引が勘定科目ごとに転記され、期末には総勘定元帳から貸借対照表や損益計算書が作成される。

■ 問題 181 （解答） **1 変動費**

（解説） 売上に比例して増減する費用を変動費という。原材料費や販売手数料などがこれにあたる。変動費に対して、売上には関係なく一定額発生するものを固定費という。人件費や家賃などがこれにあたる。

10万円以上の費用がかかり、1年以上使用可能で、使用することで価値が下がっていくような建物や設備は、減価償却資産となる。この費用を一度に計上すると、その期の業績が悪くなってしまうので、一度に費用化せず、ある期間に分けて費用配分する。この配分した費用を減価償却費という。

■ 問題 182 （解答） **3 列を非表示にする。**

（解説） 列を非表示にすると、その列は印刷されない。途中計算結果を含む列を削除してしまうと、それらのセルを参照している数式がエラーとなることがある。また、文字色を背景と同じ色に調整しても列の幅に相当する部分が印刷物上に発生するが、列を非表示にすればこれらの不都合はない。ただし、非表示にする列に印刷上必要な文字列等が含まれている場合は、あらかじめ別の列のセルに移動する等の作業が必要である。

■ **問題 183** （解答） **1**　INT関数は丸め処理を行う桁数を指定できるのに対し、ROUNDDOWN
関数はできない。

（解説）INT関数は小数点以下を切り捨てる関数であり、丸め処理を行う桁数は固定され
ている。
ROUNDDOWN関数は、丸め処理を行う桁数を指定して切り捨てを行う関数である。

■ **問題 184** （解答） **2**　重みをつける。

（解説）たとえば、5人の学生に英語、数学、国語の3科目（各100点満点）の試験を行った
とする。英語力を重要視したい場合、英語の点数だけを2倍にしたうえでほかの2
科目の点数はそのまま計算し、合計400点満点として各学生の能力を比較・評価
することがある。
このような評価方法を「重みをつける」という。

■ **問題 185** （解答） **3**　RANK関数

（解説）RANK関数は、順序に従って範囲内の数値を並べ替えたとき、数値の順位を返す。
MAX関数は、複数の数値の中から最大のものを返す。
LARGE関数は、複数の数値の中から指定順位に相当する数値を返す。

■ **問題 186** （解答） **3**　受信したFAXに記述されている商品名を商品マスターで調べ、該当する商
品コードを入力する。

（解説）FAXや電話による注文は、商品名が商品マスターに登録されている内容とは異な
る表現となっている可能性がある。極端な例として電話で「いつもの」という注文
を受けるかもしれない。
その後の利用が正しくできるよう、商品名は商品マスターに登録されているとお
りの表現で登録しておくのがよい。
同じ商品なのに異なる商品名で登録してあると、正確な集計ができない、検索し
てもヒットしない等、その後のデータの取り扱いに不都合が生じる。

■ **問題 187** （解答） **2**　列の幅を広げる。

（解説）数値の先頭の数字を取り除くのは、数値が変化し、意図したものではなくなるの
で適切な処理とはいえない。
数値を指数表示（たとえば 6.02E+23）にするのは、ビジネスシーンでは見慣れ
ない。
選択肢の中では「列の幅を広げる」が妥当である。
このほかに、状況によっては「単位＝千円」などとして概数で表示することが考え
られる。

■ **問題 188** （解答） **2**　全体の数値の80％は、全体を構成する20％の要素によるものである、と
いう説。

（解説）パレートの法則に沿うとされる例は次のとおり。
・売り上げの8割程度は全顧客の2割程度による
・売り上げの8割程度は全商品の2割程度による
「法則」と表現されているが、物理学や数学でいう法則にはあたらず、経済や社会
現象における経験則である。

（解答） **1** 絶対参照

（解説） 絶対参照は、数式を別のセルにコピーしても、参照先のセルアドレスは変化しない。絶対参照は「$」記号を使って「$C$2」などと記述する。絶対参照はワークシートの左上を基準としたセルの位置である。

相対参照は、数式を別のセルにコピーしたときに、数式を含むセルとの相対位置が変わらないようにセルへの参照が変化する。相対参照は「$」記号を含めず「C2」などと記述する。相対参照は、数式が記入されているセルを基準としたセルの位置である。

複合参照は、列と行の一方が絶対参照で他方が相対参照である参照の方式である。複合参照は「$C2」あるいは「C$2」などと記述する。

■ 問題 190 （解答） **1** Zチャート

（解説） 3本の折れ線がアルファベットの「Z」の形に見えるので「Zチャート」という。業績が上がっているのか、下がっているのかがひと目でわかるグラフである。

■ 問題 191 （解答） **3** 表計算ソフトのバージョン情報を確認して答える。

（解説） 同じアプリケーションソフトでもバージョンが違うと操作方法などが異なることがあるため、サポートを受けるときには使用しているソフトのバージョンを相手に伝えなければならない。

パソコンのメーカーやOSも重要な情報であるが、ソフトのバージョンを問われている場面では適切ではない。

■ 問題 192 （解答） **3** 計算に必要な情報

（解説） 表計算ソフトの関数とは、必要な計算についてあらかじめ定義された数式のことである。複雑な計算も関数を使用することによって、誰にでも簡単に計算できるようになっている。引数には、計算対象となる特定の値、計算手順など計算に必要な情報が入力される。

■ 問題 193 （解答） **1** Alt + Enter

（解説） 1つのセルの中で改行するためには、改行したい位置で Alt を押したまま Enter を押す操作をする。

■ 問題 194 （解答） **2** 売上総利益

（解説） 粗利益とは、売上総利益のことで、「売上高−売上原価」の計算式で求められる。粗利、荒利益（荒利）などとも呼ばれる。

営業利益とは、本業で得られた利益のことで、「売上総利益−販売費および一般管理費」の計算式で求められる。

経常利益とは、すべての経営活動で得られた利益のことで、「営業利益+営業外収益−営業外費用」の計算式で求められる。

純利益とは、経常利益に特別損益を加減して求められるもので、法人税等が確定する前の利益を税引前当期純利益、納付する法人税額を差し引いた最終利益のことを当期純利益という。

■問題 195　(解答) **2**　概算

(解説) 概算とは、おおよその数量または金額を計算することをいう。
決算とは、企業会計で一会計期間の経営成績と期末の財政状態を明らかにするために行う手続きのことをいう。
演算とは、計算することをいう。

■問題 196　(解答) **1**　累計

(解説) 累計とは、月単位や日にち単位の小計等を順次加えて合計を求めることをいう。
概算とは、おおよその数量または金額を計算することをいう。
換算とは、ある単位で表された値をほかの単位の値に直すことをいう。

■問題 197　(解答) **3**　当該商品の売上金額÷売上合計金額×100

(解説) ある商品の全体売上に対する売上構成比率を求めたい場合には、当該商品の売上金額を全体の売上金額で割り算する。百分率を求める（％表示にする）ため100を掛ける必要がある。

■問題 198　(解答) **3**　レコード

(解説) データベースの用語では、1件1件のデータをレコードと呼ぶ。住所録であれば、一人一人のデータがレコードで、名前や郵便番号などのデータの項目をフィールドと呼ぶ。

■問題 199　(解答) **2**　CSV形式のデータ

(解説) CSVは、「Comma Separated Value」の略で、データを「,（カンマ）」で区切って並べたファイル形式のことである。主として表計算ソフトやデータベースソフトでデータを保存したり、データ交換したりするときに利用される汎用性の高い形式である。
PDFは、「Portable Document Format」の略で、紙に印刷するのと同じ状態のページを保存するファイル形式の名称である。
HTMLは、「HyperText Markup Language」の略で、Webページを記述するための言語のことである。

■問題 200　(解答) **2**　=IF(A1>=70,"○","×")

(解説) IF関数は文字列を使用する際には「"（ダブルクォーテーション）」で文字列を囲まなければならないので、選択肢1は誤り。選択肢3は、70点未満なら○、70点以上なら×という条件判断となる。

■ 問題 201 （解答） **3**　プレゼン実施後に、聞き手の理解度を確認したり、そのあとの行動を促したりするための対応をいう。

（解説）プレゼン実施後に、聞き手の理解度を確認したり、次の行動を促したりすることをアフターフォローという。アフターフォローでは、直接対面したりメールや電話を使ったりして、質問された内容についての回答や補足説明を行う。プレゼン実施の効果や不明点の確認を行うこともある。そうすることで、次にとるべき行動に結び付ける。

再度実施するプレゼンや、プレゼン実施後の質疑応答は、アフターフォローには当てはまらない。

■ 問題 202 （解答） **2**　折れ線グラフ

（解説）時間に対する連続的な変化や傾向を表すのに最も適しているグラフは、折れ線グラフである。折れ線グラフにすることで、傾向や推移が直感的に理解できるようになる。

円グラフは、全体に含まれる各項目がそれぞれどのくらいの比率や割合を占めているのかといった構成比率を表すのに使われる。

100%積み上げ棒グラフは、全体を100%にして、構成する分類項目を100%に対する割合で比較したいときに使われる。

■ 問題 203 （解答） **3**　「青み」「赤み」などと呼ばれる色みの性質のことである。

（解説）有彩色は、青みがかった色や赤みがかった色、黄みがかった色、緑みがかった色など、さまざまな色みを持っている。この色みの性質のことを色相という。

有彩色には薄い色や濃い色のように色みの強弱もあり、この強弱の度合いは彩度と呼ばれる。

また、色には明るい色や暗い色があり、この色の明るさの度合いは明度と呼ばれる。

色相、彩度、明度は色の三属性と呼ばれ、有彩色はこの三属性を有している。

■ 問題 204 （解答） **2**　暖色系、寒色系のいずれにも属さない中性色である。

（解説）赤、だいだい、黄のように暖かい感じを与える色を暖色といい、まとめて暖色系と呼ぶ。黄緑や赤紫を暖色系に含めることもある。

一方、青や青緑のように冷たい感じを与える色を寒色といい、まとめて寒色系と呼ぶ。青紫を寒色系に含めることもある。

紫と緑は、暖色系にも寒色系にも属さず、中性色と呼ばれる。

■ 問題 205 （解答） **1**　2つの図形が対立関係にあるときに使用する。

（解説）赤と青緑のように色相環の反対側に位置する二色を補色と呼ぶ。補色は色相差が最も大きいので、お互いの色を目立たせたり際立たせたりした感じを与える。そのため、補色関係にある二色を隣り合わせて使うのは避けた方がよいが、相対する2つの言葉や対立する2つの言葉が含まれる図形には使うことがある。

2つの図形が包含関係にあるときや上位と下位の関係にあるときは、補色関係にある色は使われず同系色がよく使われる。

共通分野

文書作成分野

データ活用分野

プレゼン資料作成分野

解答記入シート

■ 問題206　解答　**1**　**調和を感じる。**

解説　色相が近い色は類似色と呼ばれる。1枚のスライドの中や複数の図形要素で構成される図解に類似色を使うと、調和がとれた落ち着いたイメージになる。
暖色系の色を中心にまとめると暖かいイメージになる。
寒色系の色を中心にまとめると冷静なイメージになる。

■ 問題207　解答　**2**　**文字や図形の基準位置や大きさをそろえる。**

解説　スライドを見やすくするポイントにはさまざまなものがある。ポイントのひとつに、文字や図形の基準位置・大きさをそろえるということがある。似たような文字要素が並んでいるときは、その位置や大きさはそろっていた方が整然とした感じになる。似たような図形要素が複数ある場合も同じことが言える。
目立つ色を無原則に使ったり1枚のスライドに情報を詰め込み過ぎたりすると、煩雑になり見づらいスライドになる。

■ 問題208　解答　**3**　**聞き手に視線を送りながら話すことである。**

解説　プレゼンの実施時に、発表者が聞き手に視線を送るのがアイコンタクトである。アイコンタクトは、特定の人にだけ顔を向けるのではなく、会場全体に視線を送ることが大事である。アイコンタクトをうまく使うことで、聞き手の関心を引き付けたり親近感を高めたりする効果がある。
プレゼンの途中で、ごく短時間の沈黙を入れて聞き手の注意を引き付けるというテクニックもあるが、これはアイコンタクトとは関係がない。

■ 問題209　解答　**1**

解説　循環の図解は、円や四角形で表現した複数の要素間に矢印を入れて表現する。全体の形は、円環状をしていることが多い。矢印をたどると、循環しているために複数の要素を経て出発点に戻る。
三角形で表現した階層関係や要素を並べただけの図解で循環を表現することはできない。

■ 問題210　解答　**1**　**重要なところでは少し強めにするなど、抑揚を付けながら話すのがよい。**

解説　プレゼン実施時の話し方は、聞き手によく聞こえるように明瞭に声を出すようにする。重要なところでは、少し強めに話すなど、抑揚を付けると相手に伝わりやすくなる。
早口で説明すると、内容が伝わりにくくなることがある。
PCなどの機器を操作しながら話すときには、機器の操作に気を取られて下を向いたまま話すと、声が下に向かっていくため聞き手にとって聞こえづらくなる。

■ 問題 211 （解答） **3** ①有彩色 ②無彩色

（解説） 色は、有彩色と無彩色に分類することができる。赤、黄、緑、だいだい、紫のような色みがあるものが有彩色で、白、黒、グレーが無彩色である。色の数は無限にあるが、すべての色が有彩色か無彩色のどちらかに分類できる。色に関わる用語は、ほかにもさまざまなものがある。たとえば、白や黒、グレーが全く混じっていない有彩色は純色と呼ばれる。色相環で反対に位置する2色の関係は補色と呼ばれる。彩度が高い色を興奮色、寒色系の落ち着いた色を沈静色と呼ぶこともある。

■ 問題 212 （解答） **1** 色相を変えるとトーンも変わる。

（解説） 「明るい」「暗い」「あざやか」「軽やか」などの色の調子を、トーンと呼ぶ。明度を変えたり彩度を変えたりすると、トーンも変化する。しかし、色相を変えても色みの性質が変わるだけでトーンは変わらない。

■ 問題 213 （解答） **3** 対立

（解説） 矢印は、図形要素の中で最も多用されるもののひとつであり、直感的に意味が伝わる便利な記号である。要素同士をつないで、変化、時間の経緯、因果関係、相互関係、対立、回転、移動、分岐、集約など、さまざまな意味を持たせながら使うことができる。
矢印の形と意味の例は次のとおり。

●圧力、対立 ●バランス、等しい力、対応、対立、やりとり ●方向転換 戻り ●相互作用、やりとり

■ 問題 214 （解答） **2** 「暖かい」「活発」などのイメージを与える。

（解説） 赤やだいだい、黄のような色を暖色と呼び、これらの色をまとめて暖色系と呼ぶ。暖色系の色には、暖かい、活発などのイメージがある。
一方、青、青緑のような色を寒色と呼び、これらの色をまとめて寒色系と呼ぶ。寒色系の色には、冷たい、冷静沈着などのイメージがある。
スライドの色づかいでは、統一感のあるイメージが得られるように、全体を暖色系または寒色系でまとめることがある。また、1枚のスライドの中で、暖色系の図解と寒色系の図解を並べて表示し、2つの図解を対比させる使い方もある。

■ 問題 215 （解答） **1** アウトライン機能は、一般にプレゼン全体の構成を検討するときに使われる。

（解説） プレゼンソフト（Microsoft PowerPoint）には、プレゼンの企画から実施に至るさまざまな場面で活用できる機能が用意されている。プレゼンの設計段階で全体の構成を検討するときに便利に使える機能に、アウトラインがある。アウトライン機能を使うと、全体の構成を考えながらタイトルや箇条書き部分を入力して、入力した文字を個々のスライドにそのまま展開できる。
また、スライドごとに話の要点を書き留めたノートと呼ばれる一般に発表者が使う機能や、スライドに埋め込んだ動画を再生する機能もある。

共通分野

文書作成分野

データ活用分野

プレゼン資料作成分野

解答記入シート

■ **問題216** （解答） **2**　「説得するためのプレゼン」では、事前に聞き手について情報収集を行うなどの準備が重要である。

（解説）プレゼンの種類を目的の視点から分類すると、「説得するためのプレゼン」「情報を提供するためのプレゼン」「楽しませるためのプレゼン」の3種類になる。
説得するためのプレゼンでは、聞き手に発表者の考えを理解してもらい納得してもらう必要があるため、事前に広く情報収集を行うなどの準備が大事になる。
楽しませるためのプレゼンでは、その場の雰囲気を壊さないようにする配慮が必要になる。
情報を提供するためのプレゼンでは、すべての情報を伝えるのではなく、相手や目的によって必要な情報だけを伝える。

■ **問題217** （解答） **2**　このステップで、プレゼンの主題や目的を明確にする。

（解説）プレゼンを実施するときの最初の工程である企画段階では、まずプレゼンの主題・目的を明確にし、さらに目指すゴールが何であるかも明確にする。プレゼンを成功させるためには、聞き手の分析や情報の収集・整理も大事になる。
次の工程の設計段階では、どんなストーリー展開にするのかを考える。企画、設計の工程を経て、プレゼンの中身をわかりやすい形にするための資料作成の工程に進む。

■ **問題218** （解答） **1**　このステップで、聞き手についての分析を行う。

（解説）プレゼンは、最初の工程である企画段階を経て設計の工程に進む。設計段階では、企画内容に沿ったわかりやすいストーリー展開を考える。ストーリー展開は、聞き手に内容がスムーズに理解されるように、また聞き手に強く印象付けできるように工夫する。そのためプレゼンの設計では、説明項目とその説明順序の明確化、重点的に説明したい項目の明確化、プレゼン全体の時間配分についての検討が大事になる。
プレゼンを成功させるためには聞き手の分析も重要であるが、聞き手の分析は企画段階で行う。

■ **問題219** （解答） **3**　取り上げた主題の背景を説明する。

（解説）プレゼンの構成は、「序論」「本論」「まとめ」の3部に分けるのが基本である。
序論では、これから話す主題とその重要性を知らせて聞き手の注意を引き、聞く準備をしてもらう。取り上げた主題の背景なども序論で話す。
本論では、序論で述べた主題や結論に対する根拠や理由を述べる。
まとめでは、ポイントを繰り返し、結論を明確に示して聞き手の行動を促す。質疑応答も、最後のまとめで行う。

■ **問題220** （解答） **2**　集合関係

（解説）集合関係を表す図解パターンには、いくつかの種類がある。ベン図、同心円で表現したターゲット図、放射状の図、円環状に要素を配置した図などがある。
この図形は、包含型のベン図であり、集合関係を示す図解パターンのひとつである。
図解のカテゴリーには、集合関係を表すもののほかに、時間軸に沿って配置する手順や、2軸を使って要素を配置したマトリックスなどがある。

■ 問題 221 （解答） **3　スライドを画面全体に表示し、順次切り替えていく機能**

（解説）プレゼンソフトを使ってプレゼンを実施するときは、一般にスライドの画面全体を
スクリーンに投影し、順次スライドを表示しながら口頭による説明を加えていく。
このスライドを画面全体に表示し、順次スライドを切り替えていく機能をスライド
ショーと呼ぶ。スライドショーを行うときの画面の切り替えでは、次のスライドに移
る画面切り替え時の見せ方を変化させるさまざまな機能も用意されている。
時間配分や資料が正しいかどうかを確認したり、スライドの投影順序を変えたりす
る機能は、スライドショーの機能には含まれない。

■ 問題 222 （解答） **1**

（解説）スライドを作成中に新しいスライドを追加したいときは、スライドの内容に応じてス
ライドのレイアウトを選択することができる。レイアウトは、「タイトルスライド」「タイ
トルとコンテンツ」「セクション見出し」「2つのコンテンツ」「タイトルのみ」「白紙」
など、全部で11種類ある。箇条書きと図を左右に分けて入力する場合は、「2つの
コンテンツ」を利用すると効率よくスライドが作成できる。

■ 問題 223 （解答） **2　図解では概要を伝えることができても重要なポイントは伝えられない。**

（解説）図解には、概要や全体像が素早く伝わる、複雑に絡み合う関係・構造・流れをわ
かりやすく表現できる、直感的な理解が得られるなど、さまざまな特長がある。
また、重要なポイントを要約して伝えられるのも特長のひとつである。プレゼンの
訴求力を高めたり注意を引いたりする効果もある。なお、図解を使うときは、その
使用目的や役割を明確にしておくことが重要である。

■ 問題 224 （解答） **1　最初に全体像を示したいときは、箇条書きよりも図解を使うのがよい。**

（解説）図解にも箇条書きにもそれぞれ特長があり、それらを理解して使い分けることが
必要である。図解の特長の中で代表的なものは、概要を素早く伝えることができ
ることである。最初に図解で全体像を示したあとに詳細な内容を示すことで、理
解が促進されるようにするといった利用がなされる。また、図解には複雑な関係
や流れを整理して示すことができる、少ないスペースで多くの情報を提供できる
などの特長もある。一方、箇条書きには複数の項目を整理して提示できるという
特長があり、具体的な情報をわかりやすく詳細に伝えることができる。

■ **問題 225** （解答） **2** 手順

（解説） 図解は、手順、循環、階層構造、集合関係、マトリックス、ピラミッドなどのカテゴリーに分けることができる。

手順は、時間と共に変化する内容やプロセスを表現するために使われる。手順を示す図解では、複数の要素間の変化・推移を表現するために矢印が使われる。

循環でも矢印が使われるが、循環では矢印をたどると元の位置に戻るという特徴がある。

階層構造は、組織図のような階層を持った構造を表現するために使われる。

■ **問題 226** （解答） **3** 根拠を示しながら論理的に説明して、プレゼンの内容を納得してもらう。

（解説） 本論の役割は、序論で述べた主題や結論に対して、なぜそうなのかその根拠や理由を詳細に説明し、納得させることである。

プレゼンの基本構成である「序論」「本論」「まとめ」の役割を整理して覚えておくことが重要である。

■ **問題 227** （解答） **2** プレゼン能力をアピールするため。

（解説） 社外向けプレゼンの目的は、一般に説得したり、情報提供したりするためであり、プレゼン能力をアピールすることではない。

■ **問題 228** （解答） **1** 発表者が一方的にプレゼンをする。

（解説） 説得するためのプレゼンの目的は、発表者の考えを理解してもらい納得してもらうことである。発表者が一方的にプレゼンをするだけでは説得できない。相手を理解し、広く情報を収集して示し、「なるほど、そのとおりだ」と納得してもらうことが求められる。

■ **問題 229** （解答） **1** 主題の重要性を知らせる。

（解説） 序論の役割は、これから話す主題が何であるかを示し、その主題が聞き手にとって重要であり、利益をもたらすものであることを知らせることである。

プレゼンの基本構成である「序論」「本論」「まとめ」の役割と内容を整理して理解しておくことが重要である。

■ **問題 230** （解答） **3** 訴求ポイントの明確化

（解説） 設計では、説明項目と説明の順序や全体の時間配分、訴求ポイントが何であるかを明確にし、どのように展開していくかを考える。

「主題や目的、ゴールなどの明確化」や「情報の収集・整理」はプレゼンの企画で行う作業である。

■ **問題 231** （解答） **2** 聞き手の前提条件として、価値観や判断基準を確認しておく。

（解説） 聞き手の分析では、目的や前提条件を確認しておく。前提条件には、聞き手の価値観や判断基準が含まれる。

ビジネスのプレゼンでは、聞き手の属性には、居住地や出身地は一般的には含まれない。年齢層や性別は、確認しておくべき属性に含まれる。

■ 問題 232 （解答） **2** 「序論」「本論」「まとめ」の中で最も時間をかけて丁寧に説明するのは、一般に「本論」である。

（解説） 本論は、プレゼンの核心部分になるため、時間配分が最も多く、丁寧に説明する。時間がないときでも本論を省略することはできない。

■ 問題 233 （解答） **1** 省略できる語句は削って、できるだけ簡潔に表現するのがよい。

（解説） 箇条書きは、省略できる語句は削ってできるだけ簡潔に表現する。余分な語句を削ることでキーワードが相対的に目につきやすくなり、重要なことが伝わりやすくなる。また、文末は「体言止め」「ですます体」「である体」を使うが、混在させないようにする。

■ 問題 234 （解答） **3** 図解は内容が素早く伝わるので、概要やポイントをわかりやすく表現できる。

（解説） 図解は、伝えたい内容の概要やポイントがわかりやすく表現でき、内容が素早く伝わるという特長がある。見ただけで全体像が素早く理解されやすくなるが、詳細がわかるとは限らない。また、複雑な内容を伝えることはできるが、複数の事柄を1つの図解に詰め込むとわかりづらくなるため逆効果となる。

■ 問題 235 （解答） **2** 円グラフ

（解説） 円グラフは、全体に含まれる各項目がそれぞれどのくらいの比率、シェアを占めているのかといった構成比率を表すときに使う。
折れ線グラフは、時間に対する連続的な変化や傾向を表すときに使う。
レーダーチャートは、複数のデータ（指標）を1つのグラフに表示することにより、全体の傾向をつかむのに用いられるグラフである。

■ 問題 236 （解答） **3** 日時・所要時間、場所、出席者の人数、会場の設備や備品

（解説） 日時・所要時間、場所のほかに、聞き手、発表者、関係者を合わせた出席者の人数や、どのような機器を使ってプレゼンを実施するのか、どのような備品があるのかを確認しておく。社員数や社員規定は、プレゼンには特に関係がない。

■ 問題 237 （解答） **2** 第三者に見てもらい、全体を通して話し方や姿勢が適切か、指摘してもらう。

（解説） リハーサルでは、与えられた時間内で説明できるかどうか、プレゼン資料の順番に合わせてすべてのスライドを声に出して話し、確認しておく。また、リハーサルは、同僚や先輩など第三者に見てもらい、話し方や姿勢などをチェックしてもらうと効果的である。繰り返してリハーサルを行うことで、余裕を持ってプレゼンを実施できるようになる。

■ 問題 238 （解答） **3** 話しながら視線を会場全体に送り、聞き手とアイコンタクトを行う。

（解説） アイコンタクトは、発表者が聞き手に視線を送ることである。アイコンタクトをうまく活用して聞き手に視線を送ることで、聞き手の関心を引き付け、親近感を高めることができる。
発表者が正しい姿勢をとってから話し始めると、聞き手によい印象を与える。身体の向きは変えなくても、聞き手に視線を送ることで関心を引き付けられる。

■ 問題 239　解答　**1**　単純な形で安定感がありスペースファクターもよいので、図形要素として多用される。

解説　長方形は、単純な形で安定感がありスペースファクターもよい（入力できる空間が広い）ので、図形要素として多用される。

求心力が感じられ、優しいイメージがあるのは「円」である。

単純明快で、安定感があり、力強いイメージがあるのは「三角形」である。

図形の形によって与える印象が異なるため、適切に使うことが重要である。

■ 問題 240　解答　**3**　マトリックス図

解説　マトリックス図は、縦軸・横軸の2軸を使って4つのマス目（象限）を作り、そのマス目にキーワードなどを配置する図解である。マトリックス図は、個々の図形要素の全体の中での位置付けや傾向が明確になるため、全体に対する各部分の関係を表すときに使われる。

ピラミッドは、三角形で階層関係を表すときに使われる。

集合関係は、放射状の図解や同心円の図解など、複数の要素の関係を表すときに使われる。

■ 問題 241　解答　**1**　箇条書きの文章を使い、できるだけ簡単に表現する。

解説　プレゼン資料の文章は、一般に箇条書きで記述する。箇条書きは、できるだけ簡単に表現することで、伝えたいことが明確になる。

段落で整理し、長い文章を書くと、読んでもらえなくなったり、読むのに気を取られて聞いてもらえなくなったりする。

また、文末表現には、「体言止め」を使うこともある。

■ 問題 242　解答　**3**　画面の切り替え時に使うと、自然な感じで次の画面に切り替わる。

解説　ブラックアウトの目的は、画面を黒くして一時的に表示しないようにすることで、聞き手の注意を発表者に向けさせることである。休憩時間に、画面を黒くしておくこと（投影しない状態にすること）にも応用でき、画面を元に戻すことも簡単に操作できる。ただし、画面の切り替え時に使うと、不自然な印象になる。

■ 問題 243　解答　**2**　複数の担当者が1つのプレゼンを担当する場合に、共通の認識を保ちやすくなる。

解説　プレゼンプランシートにまとめると、プレゼンの企画内容が明確になり、複数の担当者が1つのプレゼンを担当する場合でも共通の認識を保ちやすくなる。質疑応答用の資料が作りやすくなることやプレゼン会場の設営がしやすくなることに、直接関係することはない。

■ 問題 244　解答　**1**　出席者は誰なのか確認できる。

解説　プレゼンのリハーサルの目的は、時間配分やスムーズに説明できるかを確認し、第三者に話し方や姿勢などをチェックしてもらうことである。リハーサルの場で、出席予定者が誰であるかを確認することはできない。

■ **問題245** （解答） **3** 配布資料の枚数を少なくするために、内容を考慮して1枚に2～6スライド程度にして印刷する。

（解説） 配布資料を印刷するときは、1枚当たりのスライド数は2～6程度にする。1枚当たりのスライド数を増やすと、スライドの内容が参照しづらくなり、1枚当たりのスライド数を減らすと、印刷する枚数が増え、紙の浪費につながる。なお、プリンターのプロパティを使って、1枚当たりのスライド数を割り付けて印刷する方法もある。

■ **問題246** （解答） **3** 寒色系の色は「沈静色」といい、落ち着いたイメージになる。

（解説） 色の性質を知り、プレゼン資料に活用することで色づかいを演出できる。
赤や黄色など「暖かい」感じが伝わる色を「暖色」といい、青や青緑など「冷たい」感じが伝わる色を「寒色」という。中間色は、暖色と寒色の間にあり、どちらとも感じない色のことをいう。
彩度が高い色は派手に見え、低い色は地味に見える。明度が低い色は重く感じられ、明度が高い色は軽く感じられる。
寒色系の色は落ち着いたイメージで「沈静色」という。暖色系で彩度が高い色は、「興奮色」という。

■ **問題247** （解答） **1** グレー

（解説） 色は、色みのある「有彩色」と、色みのない「無彩色」に分けることができる。赤、黄、緑、青、だいだい、紫のような色が有彩色で、白、黒、グレーが無彩色である。

■ **問題248** （解答） **2** 顧客名

（解説） 客先でスムーズにプレゼンをするには、顧客名のフォルダーの中に関係するプレゼン資料やデータを格納するとよい。顧客名のフォルダーの中で、日付や担当者名ごとに資料を整理することもあるが、日付だけや担当者名だけのフォルダーの場合、該当する顧客の資料を見つけづらくなる。

■ **問題249** （解答） **1** 全体的に暗い感じになるので、グレーは使わない方がよい。

（解説） グレーは、矢印やあまり強調する必要がない図形要素によく使われる。このようなグレーの使い方をすることで、グレー以外の色を使った図形要素を目立たせる効果がある。また、グレーを使うことで全体の色数を抑えることができ、訴求ポイントが弱まるのを防ぐ効果もある。グレーの明度はさまざまであり、グレーを使っただけで全体的に暗い感じになることはない。

■ **問題250** （解答） **3** How、How much

（解説） 一般に5W2Hの「2H」は、How（どのように）とHow much（いくら）、またはHow many（いくつ）であり、プレゼンを企画する際のHowは「どのように行うのか、使用できる機器は何か」と解釈し、How muchは「予算はどれくらいかかるのか、効果はどれくらい見込めるのか、いくつくらいなのか」と解釈する。How long（期間、期限）やHow fast（速さ）ではない。

共通分野

問題	解答	正答	備考欄
1			
2			
3			
4			
5			
6			
7			
8			
9			
10			
11			
12			
13			
14			
15			
16			
17			
18			
19			
20			
21			
22			
23			
24			
25			

問題	解答	正答	備考欄
26			
27			
28			
29			
30			
31			
32			
33			
34			
35			
36			
37			
38			
39			
40			
41			
42			
43			
44			
45			
46			
47			
48			
49			
50			

問題	解答	正答	備考欄
51			
52			
53			
54			
55			
56			
57			
58			
59			
60			
61			
62			
63			
64			
65			
66			
67			
68			
69			
70			
71			
72			
73			
74			
75			

問題	解答	正答	備考欄
76			
77			
78			
79			
80			
81			
82			
83			
84			
85			
86			
87			
88			
89			
90			
91			
92			
93			
94			
95			
96			
97			
98			
99			
100			

共通分野

文書作成分野

データ活用分野

プレゼン資料作成分野

解答記入シート

共通分野
正答数

　　　　/100

文書作成分野

チャレンジした日付

年　　　月　　　日

問題	解答	正答	備考欄
101			
102			
103			
104			
105			
106			
107			
108			
109			
110			
111			
112			
113			
114			
115			
116			
117			
118			
119			
120			
121			
122			
123			
124			
125			

問題	解答	正答	備考欄
126			
127			
128			
129			
130			
131			
132			
133			
134			
135			
136			
137			
138			
139			
140			
141			
142			
143			
144			
145			
146			
147			
148			
149			
150			

文書作成分野
正答数

/50

データ活用分野

チャレンジした日付

年　　　月　　　日

問題	解答	正答	備考欄
151			
152			
153			
154			
155			
156			
157			
158			
159			
160			
161			
162			
163			
164			
165			
166			
167			
168			
169			
170			
171			
172			
173			
174			
175			

問題	解答	正答	備考欄
176			
177			
178			
179			
180			
181			
182			
183			
184			
185			
186			
187			
188			
189			
190			
191			
192			
193			
194			
195			
196			
197			
198			
199			
200			

共通分野

文書作成分野

データ活用分野

プレゼン資料作成分野

解答記入シート

データ活用分野
正答数

/50

チャレンジした日付

_____ 年　　　月　　　日

問題	解答	正答	備考欄
201			
202			
203			
204			
205			
206			
207			
208			
209			
210			
211			
212			
213			
214			
215			
216			
217			
218			
219			
220			
221			
222			
223			
224			
225			

問題	解答	正答	備考欄
226			
227			
228			
229			
230			
231			
232			
233			
234			
235			
236			
237			
238			
239			
240			
241			
242			
243			
244			
245			
246			
247			
248			
249			
250			

プレゼン資料作成分野
正答数

/50